Wolf Behrndt

BUNTES JÄGERLEBEN

Die Jagd früher und heute

Leopold Stocker Verlag
Graz – Stuttgart

Umschlaggestaltung und Repro: DSR Werbeagentur Rypka GmbH, 8143 Dobl, www.rypka.at
Titelbild: Foto © iStockphoto.com/MBPROJEKT_Maciej_Bledowski

Alle Fotos im Innenteil des Buches sowie auf der Umschlag-Rückseite wurden dem Verlag freundlicherweise vom Autor zur Verfügung gestellt.

Bibliografische Information der Deutschen Nationalbibliothek
Die Deutsche Nationalbibliothek verzeichnet diese Publikation in der Deutschen Nationalbibliographie; detaillierte bibliographische Daten sind im Internet über http://dnb.d-nb.de abrufbar.

Hinweis
Dieses Buch wurde auf chlorfrei gebleichtem Papier gedruckt. Die zum Schutz vor Verschmutzung verwendete Einschweißfolie ist aus Polyethylen chlor- und schwefelfrei hergestellt. Diese umweltfreundliche Folie verhält sich grundwasserneutral, ist voll recyclingfähig und verbrennt in Müllverbrennungsanlagen völlig ungiftig.

Auf Wunsch senden wir Ihnen gerne kostenlos unser Verlagsverzeichnis zu:
Leopold Stocker Verlag GmbH
Hofgasse 5
Postfach 438
A-8011 Graz
Tel.: +43 (0)316/82 16 36
Fax: +43 (0)316/83 56 12
E-Mail: stocker-verlag@stocker-verlag.com
www.stocker-verlag.com

ISBN 978-3-7020-2089-7

Layout: Ecotext-Verlag Mag. G. Schneeweiß-Arnoldstein, Wien

Inhaltsverzeichnis

Dieses Buch hat der Autor seiner Frau Elke gewidmet.
Leider ist Wolf Behrndt kurz vor Drucklegung des Buches im Juli 2023 verstorben.

Erinnerungen auf dem Ansitzbock

Die Schüsse sind verhallt. Bis zum Ende der heutigen Bewegungsjagd bleiben noch etwa 20 Minuten. Ich sitze auf einem Ansitzbock an einer Abteilungslinie. Es ist ein professionell hergerichteter Stand, der einen guten Blick in die Kiefernbestände beidseits des Weges erlaubt. Man kann das Wild rechtzeitig anwechseln sehen, und so geht ein erlebnisreiches Jagdjahr mit einem nicht so häufigen Weidmannsheil an einem warmen, schneefreien Januartag zu Ende: Im Kiefernbaumholz vor mir liegen im Bestand ein Kalb und einige Meter weiter das zugehörige Tier. Doublette.

Während ich warte und dabei immer wieder einmal zu den vor mir liegenden Stücken blicke, ziehen Bilder jagdlicher Ereignisse aus fünf zurückliegenden Jahrzehnten an meinem geistigen Auge vorbei. Die Erlebnisse vieler Jahre beginnen sich zu vermischen, längst vergangene Augenblicke werden so lebendig, als seien sie gerade geschehen, andere mögen dabei übersehen worden sein, obwohl sie sich doch erst vor kurzer Zeit ereignet haben.

Plötzlich erscheint mir alles wie Gegenwart: Menschen, Hunde, Tiere, Landschaften rund um die Jagden werden lebendig – Bilder früherer Jagden ziehen wie auf der Leinwand vorbei.

Was spielen vergangene Zeiten oder geographische Nähe in solchen Augenblicken noch für eine Rolle? Grenzen, Entfernungen lösen sich auf. Die Jagderlebnisse an der deutschen Nordseeküste fließen bruchlos über in jene, die in den Alpen stattfanden. Die einst reichen Niederwildjagden Norddeutschlands lösen sich auf im Schrei der Brunfthirsche in der Heide und den niedersächsischen Mittelgebirgen. Kanada scheint direkt an das ehemalige Deutsch-Südwest zu grenzen. Finnland und Schweden liegen gleich nebenan.

Der jagdliche Jahresablauf wird gegenwärtig – Schnepfen, Bockjagd, Feistzeit, Brunft von Rothirsch, Muffel, Damhirsch, Treib- und die späteren Bewegungsjagden – dazwischen finden nächtlicher Ansitz und Pirsch auf Sauen statt. Aber dann ist die Reihenfolge doch auch wieder eine ganz andere. Da werden hier noch schnell Kaninchen gestöbert, dort wird am Lagerkorn auf Tauben angesessen, und abends geht es noch auf den Entenstrich.

Wann hatte es eigentlich begonnen? Möglicherweise schon in dem Augenblick, als der zum Heimaturlaub aus Russland zurückkehrende Vater – noch in Wehrmachtsuniform – auf der Koppel am Ufer des vor der Haustür liegenden Sees zwei bunte Fasanenhähne sah, die Flinte aus dem Gewehrschrank holte und einen der Vögel im Beisein des Sohnes schoss.

So sinne ich vor mich hin, bis die Uhr das Ende des Ansitzes anzeigt und das Bergen des Wildes beginnt. Schließlich ist auch das erledigt, die Stücke sind aufgebrochen und auf dem Fichtengrün des Streckenplatzes abgelegt. Die verschiedenen Proben für die Untersuchungen der unterschiedlichsten Institute sind bei Sauen und Rotwild entnommen. Die Feuer werden entzündet, Jagdleiter, Schützen, Hundeführer und Bläser nehmen ihre vorgegebenen Positionen ein. Mit den Flammen steigt der Rauch auf. Manchmal sieht man vor lauter Qualm fast gar nichts mehr. Die Brüche werden verteilt, die Signale steigen zum Himmel, die Hunde fallen laut heulend mit ein – dann das „Halali" und „Jagd vorbei". Fröhlich fahre ich nach Hause – es war wieder einmal so routiniert und professionell wie immer und doch zugleich so packend und spannend wie am ersten Tag!

So wie immer? Nein, nur bei oberflächlicher Betrachtung ist es so wie immer – bei genauem Hinsehen ist Jagd eben doch immer wieder voller neuer Erlebnisse und neuer Spannungen. Allein deswegen ist sie in allen Bereichen und Varianten im Jahresablauf immer wieder so unglaublich reizvoll und neu, oft ähnlich, aber sich – ungeachtet der teilweise erheblich veränderten Rahmenbedingungen – niemals exakt wiederholend.

So fuhren wir in unserer Jugend im Emsland, manchmal noch vor Schulbeginn, mit dem Fahrrad in die nahegelegene Heide, um die Birkhähne bei der Balz zu beobachten, lauschten dabei zugleich dem klagenden Ruf des Goldregenpfeifers und freuten uns am Triller des Großen Brachvogels. Ach ja, damals zählte der Große Brachvogel zwar noch zum jagdbaren Wild, wurde aber nicht mehr bejagt.

Wenige Jahre später schossen wir im Spätsommer an guten Tagen Bekassinen, bis die Schultern schmerzten und der Patronenvorrat verbraucht war. Rebhühner, Fasanen und Hasen gab es so reichlich, dass man schon einmal Mühe hatte, die Beute zu schleppen. Bei der Jagdhütte brutzelten wir die eben erlegten Kaninchen am Spieß und sangen dazu das Lied vom „Freien Wildbretschützen".

Doch inzwischen scheint das Lied mehr und mehr aus unserem Brauchtum zu schwinden. Wann haben wir eigentlich zum letzten Mal fröhlich eines der vielen schönen Jägerlieder in vergnügter Runde gesungen? Ich muss zugeben, das ist lange her. Doch ich denke gern daran zurück. So seien hier nun einige Erinnerungen aus einem an Erlebnissen wahrhaft reichen Jägerleben wachgerufen.

Hirsche, blasende Sauen, Fasanen und Enten stehen vor meinem geistigen Auge, wenn ich an „meine" ersten jagdlichen Erlebnisse denke. Dabei handelte es sich stets „nur" um Beobachtungen, die ein kleiner Junge in Deutschlands Osten an der Seite des urlaubsweise aus Polen/Russland

Vor dem Rauch des Feuers ziehen Bilder vergangener Jagden am geistigen Auge vorbei – als hätten sie erst gestern stattgefunden.

kurzfristig heimgekehrten Vaters machte, aber sie sind so gegenwärtig und lebendig, als wären sie erst gestern geschehen.

Bald nach Kriegsende folgten solchen Beobachtungen in der neuen Heimat im Westen die ersten Schüsse mit der aus einem gegabelten Ast, Gummi von zerschnittenen Fahrrad- oder Autoschläuchen und einem Stückchen Leder selbst gebastelten Zwille auf die Sperlinge am Kaffhaufen. Dann wurde dieses Steinzeitgerät durch das Luftgewehr ersetzt. Die Spatzenjagd wurde zur Perfektion entwickelt. So lernte man früh, genau zu beobachten, ausdauernd anzusitzen und präzise zu zielen.

Noch in dieser Entwicklungsphase durfte ich regelmäßig die vom Bio-Lehrer abonnierte „Wild und Hund“ lesen. Ich habe die Zeitschrift damals geradezu verschlungen und viel aus ihren Artikeln gelernt.

Der erste Schrotschuss

Den ersten Schrotschuss gab ich früh im Kielwasser des Vaters ab. Die Jagdhoheit lag noch bei den Engländern als damaliger Besatzungsmacht. So waren auch die Waffen der deutschen Jäger noch von den Engländern eingezogen. Trotzdem hatten es die Jagdpächter im Nachbardorf in

Absprache mit einigen englischen Offizieren geschafft, im Winter eine Treibjagd auf Hasen zu organisieren. Am vereinbarten Sammelplatz trafen sich deutsche Jäger und Treiber und warteten auf die Engländer. Sie kamen pünktlich mit mehreren Jeeps und einem LKW. Von dessen Ladefläche aus reichten britische Soldaten den deutschen Jägern die Flinten. Andere übergaben ihnen die dazugehörigen Patronen. Zufällig stand ich zwischen den erwachsenen Jägern, und so wurde auch mir eine Flinte gereicht. Sie kam mir fast so lang vor, wie ich selbst groß war. Ich war total sprachlos. Doch übergab mir, ehe ich mich besinnen konnte, im nächsten Augenblick ein anderer Soldat eine so große Menge Schrotpatronen, dass ich sie kaum alle in meine Jackentaschen stopfen konnte. Ich war plötzlich Jäger unter Jägern! Niemand nahm an meinem Alter und an der ungewöhnlichen Relation von Körpergröße zu Flintenlänge Anstoß.

Dann sollte der erste Kessel angegangen werden. Natürlich war ich der Jüngste und konnte demzufolge am weitesten laufen. Also erhielt ich vom Jagdleiter den Auftrag, als erster Jäger loszumarschieren und damit die südliche und westliche Außengrenze des Kessels nach seinen Vorgaben zu markieren. Die nächsten Schützen folgten im üblichen Abstand. Die Grenze des Treibens führte entlang einer öffentlichen Straße.

Dort kam uns der Dorf-Sheriff auf seinem Fahrrad entgegen. Ihm musste sofort klar sein, dass hier ein Knabe, der noch viel zu jung war, um legal eine Waffe zu führen, die Spitze der Jäger anführte. Er stoppte und stellte unangenehme Fragen. Ich behauptete natürlich, die Flinte nur für einen weiter hinten nachfolgenden älteren Herrn zu tragen. Doch das Argument überzeugte überhaupt nicht. Die mit Patronen vollgestopften Taschen waren ja auch nicht zu übersehen. Es half alles nichts. Der Wachtmeister schritt zur Tat und nahm mir Flinte und Patronen ab. Ich musste ihm zum Sammelplatz und den Fahrzeugen der Engländer folgen, während der nachfolgende Jäger die weitere Führung zur Bildung des Kessels übernahm.

Bei den Fahrzeugen übergab mein Polizist zunächst den Engländern Flinte und Munition, um anschließend auf das Ende des Kessels und die Rückkehr des Jagdleiters zu warten. Ich stand ziemlich betroffen daneben. Doch es ging alles noch einmal glimpflich ab. Sheriff und Jagdleiter führten etwas abseits ein kurzes Gespräch. Dann wurde die Jagd fortgesetzt. Ich durfte mich von Stund an als Treiber betätigen. Man sieht, damals waren die dörflichen Hierarchien noch verlässliche Größen.

Am späteren Nachmittag kamen Jäger und Treiber gemeinsam beim Wechsel zum Ausgangspunkt für den nächsten Kessel an einem großen Misthaufen vorbei. Auf dem saßen einige Krähen. Sie hatten ganz offensichtlich keine negativen Erfahrungen mit Menschen und schon gar nicht mit Jägern gemacht. Jedenfalls blieben sie unbekümmert sitzen, während wir in einer ziemlich lang gezogenen Gruppe vorbeigingen. Da zupfte mich ein älterer Herr am Ärmel und hielt mich etwas zurück, bis schließlich niemand mehr hinter uns war. Dann wies er auf die Krähen und gab mir seine Flinte. Ich verstand ihn sofort und war glücklich, als eine Krähe nach dem Knall auf dem Misthaufen liegen blieb. Als auf den Schuss hin Jäger und Treiber sich zu uns umwandten, hatte der alte Herr die Flinte bereits wieder in seiner Hand!

Die nächsten Schüsse

Einige Jahre später galten die nächsten Schrotschüsse bereits dem Niederwild. Zuerst handelte es sich um Kaninchen, doch nahezu gleichzeitig auch um Tauben, dann Rebhühner, schließlich Fasanen.

Als diese Wildarten schon beinahe Routine waren, fiel der erste Rehbock.

Die erste Sau folgte Jahre später. So ging es weiter. Mit den Jahren wurde die Palette immer breiter, bis sie sich eines Tages wieder rückläufig zu entwickeln begann. Bald wird es wohl „nur" noch der Rehbock sein, und dann kommt wohl auch der Tag, an dem man keinen Jagdschein mehr löst, Jagd nur noch in der Erinnerung betreibt. Aber dann war es ein wahrhaft buntes Jägerleben, in dem Hunde immer eine wichtige Rolle gespielt haben. Sie seien daher am Anfang dieser Erinnerungen erwähnt.

Meine Hunde

Agra

Ich bin in einem Umfeld aufgewachsen, in dem Jagdhunde der verschiedensten Rassen seit jeher zur Familie gehört haben: Rote Langhaar- und Rauhaarteckel, Bracken, Terrier, ein Hannoverscher Schweißhund. So konnte ich früh dabei sein, wenn Füchse gesprengt oder Dachse gegraben wurden, und wusste schon vor der Einschulung, wozu ein Schweißhund gebraucht wird.

Als ersten Hund, den ich intensiv jagdlich geführt habe, verdient es die braune Cocker-Hündin Agra, in Erinnerung gerufen zu werden. Sie kam eigentlich ganz ungeplant in unsere Familie. Meine Frau und ich waren damals erst kurz verheiratet und hatten zwei Kinder, zweieinhalb Jahre und zwei Monate alt. Wir hatten bei einem befreundeten Züchter einen Rauhaarteckel bestellt und uns unseren Welpen aus dem kompletten Wurf auch bereits ausgesucht. Da sahen wir beim nächsten Besuch einen braunen Spanielwelpen, den der Züchter von einem Kunden bekommen hatte, im Zwinger zwischen den Raubautzen herumtollen.

Ich beobachtete den Hund im Spiel mit den anderen Welpen. Sein Wesen, seine Vitalität, sein Gebrauch der Nase gefielen mir. Wir hatten

Unsere Cockerhündin Agra, die ich jagdlich führte.

damals gut Kaninchen. Ich begann nachzudenken: Von der Veranlagung her musste der Cocker mindestens so gut zum Stöbern einzusetzen sein wie der Rauhaarteckel, spurlaut dürften beide sein, zum Apportieren von Kaninchen, Tauben, Fasanen war der Cocker allein schon aufgrund seiner Körpergröße mit Sicherheit besser geeignet. Hinsichtlich einer kurzen Nachsuche auf ein Reh sollten eigentlich keine nennenswerten Unterschiede bestehen – größere und schwierigere Sachen mit zu erwartender Hetze würde in beiden Fällen den Einsatz eines geeigneteren Hundes erfordern. Gehorsam dürfte wohl dem Cocker leichter beizubringen sein als dem Teckel. Natürlich war ein Cocker zur Baujagd nicht zu verwenden – aber spielte das für mich wirklich eine ausschlaggebende Rolle?

So kam schließlich statt des ursprünglich erwarteten grauen Rauhaarteckels eine braune Cockerhündin in unser Haus. Wir nannten sie Agra. Sie wurde ein Spitzenhund. Die Ausbildung machte keine nennenswerte Mühe. Die Grundbegriffe wie Appell, Sitz und Down hatte sie sehr schnell verstanden und zuverlässig verinnerlicht. Willen zur Suche und ausdauernder Spurlaut waren aus Veranlagung vorhanden. Ebenso bewachte sie aus Instinkt unsere Kinder, wenn meine Frau sie im Wagen in den Garten gestellt hatte oder wenn sie dort im Ställchen spielten. Später war sie besonders für unsere Tochter ein äußerst geduldiges „Spielzeug“, das eigentlich alles mit sich machen ließ. Das Apportieren auf Kommando mussten wir natürlich üben, bis es zuverlässig klappte. Doch konnte man es bis an ihr Lebensende spüren: Tauben brachte sie nur widerwillig.

Suche nach einem Gockel

Eines ihrer Glanzstücke lieferte sie an einem Wintertag mit nassem Schnee. Wir stokelten zu zweit am Rand eines großen Moores im Elbe-Weser-Dreieck in einem Birkenbusch mit hohem, unter der Last des Schnees umgebogenem Pfeifengras und niedergedrückter Heide auf den verbliebenen Freiflächen nach Hasen und Fasanen. Der Hund stöberte vor uns und machte einzelne Fasanen, meist Hennen, hoch. Dann flügelten wir einen Hahn. Aber so genau sah man das im Schuss nicht, sah den Hahn nur ein Stückchen voraus zwischen die verschneiten Birken fallen. Agra suchte irgendwo kurz vor uns im Gelände, aber ich konnte sie nicht sehen, wusste also auch nicht, ob sie das Kommando „Apport“ gehört hatte.

Wir blieben stehen und warteten. Ich wiederholte das Kommando – keine Reaktion, nur Stille um uns her. Ich rief, ich pfiff – alles ohne Ergebnis. So standen wir, bekamen bei dem ungemütlichen Wetter kalte Füße und warteten. Aber der Hund kam nicht. Ich pfiff, ich rief, es blieb ohne Ergebnis.

Wir wussten ja ungefähr, wo der Hahn gefallen war. Also versuchten wir, ihn ohne den Hund selber zu finden. Doch wir fanden den Hahn nicht, dafür im Schnee die Stelle, an der er zur Erde gefallen war, und die Spuren des Hundes. Dank des Schnees konnten wir den Ablauf ganz gut rekonstruieren: Der Hahn musste sich, nachdem er den Boden berührt hatte, sofort wieder aufgenommen haben und in einen trocken gefallenen, schmalen und ca. einen halben Meter tiefen, von Süd nach Nord laufenden Entwässerungsgraben gelaufen sein. Der Graben war stellenweise von darüberhängenden Birkenzweigen und umgebogenem Pfeifengras wie abgedeckt. Wie wir an dem hier und dort erkennbaren Geläuf sehen konnten, war der Hahn nach Erreichen der Grabensohle in nördliche Richtung gelaufen. Er war dabei stets unter der Grabenabdeckung hindurchgeschlüpft. Die Hundespur stand teilweise im, zum Teil aber auch auf beiden Seiten neben dem Graben. Wir konnten deutlich erkennen, der Hund musste sorgfältig arbeiten, das Geläuf war offensichtlich schwierig zu halten, obwohl es auf der Grabensohle immer nur geradeaus führte.

Wir gingen in der Hoffnung, irgendwann auf den Hund und hoffentlich auch auf den Hahn zu stoßen, beidseitig neben dem Graben her und kontrollierten dabei die dank des Schnees stets zuverlässig erkennbare Hundespur. Wir wunderten uns, wie weit wir schon gelaufen waren und schätzten die Strecke auf mehr als einen Kilometer; es begann allmählich zu dämmern. Da endlich sahen wir den kurz vor uns auftauchenden Hund – pudelnass, aber mit dem Hahn im Fang!

Kann man den Stolz des Hundebesitzers in einem solchen Augenblick nachempfinden? Wie konnte es möglich sein, dass ein Fasanenhahn wie ein Stein aus dem Himmel fällt und dann doch noch so weit läuft? Wir sahen uns den Vogel genauer an und kamen zu dem Ergebnis, dass wohl nur ein einziges Schrotkorn den Flügel zerschlagen hatte, sonst aber keine weiteren Verletzungen erfolgten, und dass er deswegen wie gesund noch sehr schnell und ausdauernd hatte laufen können. Umso bewundernswerter war Agras Leistung!

Agra auf Saujagden

Agra war mit zunehmender Erfahrung ein sehr vielseitig einzusetzender Hund. Sie erledigte anfallende leichtere Nachsuchen ebenso zuverlässig, wie sie die Kaninchen stöberte und brachte. Später entwickelte Agra sich auch zu einem geradezu hervorragenden Sauhund. Es klingt unglaublich, aber es war so: Ein Cocker auf Schwarzwilddrückjagden. Wir bejagten die Sauen damals neben dem Ansitz noch auf regelrechten Drückjagden. Die Dickungen, in denen wir sie vermuteten oder festgemacht hatten, wurden von etwa 20–25 Schützen umstellt, das Treiben angeblasen und dann die Sauen von Treibern und Hunden in Bewegung gebracht.

Die bis dahin vor allem mit Kaninchen vertraute Agra lernte schnell, dass Sauen für Hunde gefährlich werden können. Aber sie begriff ebenso schnell, dass es dabei Unterschiede gibt und dass einzelne Frischlinge ganz risikolos verfolgt werden können. Agra tobte zwar mit der gesamten Hundemeute los, sobald das Signal „Das Ganze langsam treiben“ erscholl. Dann aber ging die Stimme in dem allgemeinen Trubel unter und war nicht mehr herauszuhören.

Hatte die Meute schließlich Sauen gefunden und die Rotte gesprengt, dauerte es meist nicht sehr lange, bis man Agras einzelne Stimme, oft auch abseits vom Hauptgeschehen, hörte. Man konnte dann sehr genau verfolgen, wie sie einer Sau spurlaut folgte. So mochte es in den großen Dickungen hin und her oder auch in der Runde gehen, aber sie ließ nicht locker und ließ sich auch nicht von ihrer Fährte abbringen. Bald wussten das auch die Schützen. Und sie wussten, dass es der verfolgten Sau irgendwann zu viel werden und dass sie dann versuchen würde, die schützende Dickung zu verlassen. Das war dann unsere Chance. Wir wussten im Voraus nie, wo die Sau schließlich kommen könnte, aber wir erkannten an dem sich nähernden Hundelaut, wann sie tatsächlich kam. Und so waren wir fertig zum Schuss, wenn es so weit war.

Anke und Knurre

Als Agra schon älter geworden war, kam ich eines Tages mit einem dunkelbraunen Wollknäuel nach Hause: Wir hatten von nun an vorübergehend als zweiten Hund unsere Wachtelhündin Anke.

Sie wuchs unter der Obhut von Agra und im gemeinsamen Spiel mit den Kindern heran und entwickelte sich ganz von allein zu einem vielseitig einsetzbaren Familien- und Gebrauchshund. Agra gab ihre Erfahrungen weiter, die Kinder setzten mit ihr die Spiele fort, zu denen sich die älter werdende Hundedame nicht mehr bereitfand. Mir blieb es, ihr Appell und Führigkeit zu vermitteln.

Anke war ein Waldhund – weit, aber nie zu weit jagend, im Alter bogenrein und immer im Kontakt zum Herrn und verträglich zu anderen Hunden –, das galt mindestens so lange, wie sie nicht Beute bewachte! Rotwild und Sauen wurden ihre Spezialität. Sie fand sie immer, griff auch an, war zugleich doch so vorsichtig, dass sie nie geschlagen wurde. Anke lernte es aber auch, zuverlässig zu apportieren. Von der Schnepfe über Kaninchen, Fasan und Ente hat sie alles gebracht und sich zudem mit Gans und Hase abgemüht.

Ihre beste Zeit hatte sie zusammen mit ihrem Sohn Kurre. Es war wirklich eine besondere Freude, die etwa fünfjährige Mutter gemeinsam mit ihrem gut zwei Jahre alten Sohn auf der Jagd zu erleben. Man konnte richtig spüren, wie hier Sozialverhalten und Erfahrung von einer zur nächsten Generation weitergegeben wurden, ja, man hatte das Gefühl, hier wurde geradezu Teamarbeit beim Aufspüren und Sprengen von Rotten oder Rudeln geübt und praktiziert. Dazu war Kurre führig und so angenehm im Wesen wie die Mutter. Er hatte einen weißen Kehlfleck und war auch von der Form her geradezu ein Bild von Wachtel. So waren Mutter und Sohn allein, aber eben auch gemeinsam mit anderen Hunden ein Traumpaar. Wenn Wild steckte, brachten sie es.

Beispielsweise lief es in nachstehend geschildertem Fall so ab: Es war vormittags, noch zur Zeit der Drückjagden. Man konnte es vom Stand aus gut hören: Zwei Teckel hatten Wild in der Fichtendickung gestellt. Standlaut, dann etwas Bewegung, wieder Standlaut, irgendwo weit entfernt hörte man Treiber, aber es passierte nichts. Anke und Kurre saßen noch neben mir auf dem Stand. An sich wollte ich sie für das Treiben am Nachmittag schonen, änderte angesichts der Situation aber nun den Plan und schickte beide Hunde in die Dickung.

Es dauerte nur wenige Minuten, dann hörte man den aggressiven Laut von Kurre. Zugleich war zusammen mit den Teckeln auch Anke zu hören, und schon ging die Jagd ab. Dem Laut nach zunächst in die entgegengesetzte Richtung, aber nach einiger Zeit kam der Hetzlaut zurück. Schließlich knallte es einige Male bei den Nachbarn zu meiner Linken – kurze Zeit später verstummten die Hunde. Doch nach einiger Zeit wurden sie außerhalb des Treibens erneut laut. Als die Treiber schließlich durchgegangen waren, wurde abgeblasen. Die Hunde kamen zurück. Es lagen drei Stück Kahlwild auf der Stecke.

Der übernächste Nachbar hatte den Anfang des Geschehens in einer lichteren Stangenholzpartie ziemlich genau beobachten können: Das Wild, er meinte fünf Stücke erkannt zu haben, habe sich von den Teckeln nicht groß beunruhigen lassen, sei lediglich hin- und hergetreten. Die beiden Wachtel seien wohl getrennt voneinander von zwei Seiten auf das Rudel zugeschossen, hätten es sofort in Bewegung gebracht und seien dann gemeinsam mit den Teckeln den flüchtigen Stücken gefolgt. Später seien die Hunde mit drei Stück Wild zurückgekommen – es lägen alle drei. Der Herr war begeistert und beschrieb immer wieder, wie er die beiden Wachtel habe heranstürmen und das Rudel sprengen sehen. Ich gebe zu, nach solchen Berichten hätte ich als Hundeführer meinen beiden Wachteln am liebsten einen besonders leckeren Bissen gereicht.

Erfolgreiche Nachsuche

Einige Zeit später sah ich bei der Einzeljagd vom Ansitz aus bei einer leichten Schneedecke am späten Nachmittag unweit einer weiteren Kanzel ein Rudel Muffel am Rande eines Buchen-Fichten-Mischbestandes äsen. Ich baumte ab und schaffte es, in Deckung von Fichtennaturverjüngungen unbemerkt den anderen Hochsitz zu erreichen. Nach einiger Zeit des Beobachtens war ich sicher, welches Lamm und Schaf zusammengehörten. Das Lamm brach verendend im ersten Schuss zusammen.

Als das Schaf nach kurzem Abspringen erwartungsgemäß noch einmal verhoffte, knallte es zum zweiten Mal. Das Stück zeichnete und folgte dem Rudel in den Bestand. Am Anschuss fand ich viel Schnitthaar, Schweiß und Knochensplitter. Die Diagnose war rasch gestellt: Hoher Lauf – möglicherweise auch tiefer Brustkern. Das hieß also: Nicht folgen, krank werden lassen.

Aus bestimmten Gründen wollte ich die Nachsuche am kommenden Morgen nicht mit meinen Wachteln durchführen, sondern dazu lieber den Hannoverschen Schweißhund der nahe gelegenen Station herbeiholen. In der Nacht schneite es kräftig.

Wir fanden den Anschuss unter dem Neuschnee. Der rote Rüde begann zu suchen und folgte der Fluchtrichtung des Rudels. Doch bald hatten wir keine Kontrolle mehr. Wir setzten den Hund ein zweites und drittes Mal an, aber wir kamen nicht an das Stück. Merkwürdig. Ich hatte das Zeichnen gesehen, hatte das Schnitthaar und die Knochensplitter, also musste das Stück zu finden sein. Der Neuschnee machte die Suche schwierig und, angesichts der Hanglage, für uns auch zunehmend beschwerlich. Der Hund behielt auch nach wiederholtem Ansetzen immer wieder dieselbe Richtung bei, aber wir fanden nichts. Schließlich schlug der Hundeführer – wohl schweren Herzens – vor, die Suche als ergebnislos abzubrechen. Kein Schweißhundeführer tut das gerne.

Doch die Sache ließ mir keine Ruhe. Beim Mittagessen beschloss ich, es nun noch einmal mit Anke und Kurre zu versuchen. Zu verlieren war ja ohnehin nichts mehr. So ließ ich die beiden vom Anschuss an frei, aber kurz vor mir hersuchen. Ich versuchte ihren Vorwärtsdrang zu bremsen und folgte ihnen, so schnell und so gut ich es unter den gegebenen Bedingungen konnte. Die Hunde blieben zunächst auf unserer im Schnee gut sichtbaren breiten Spur vom Vormittag. Doch schon nach etwa 100–150 Schritt bogen beide nach rechts leicht hangabwärts ab. Sollte sich das Stück bereits hier von dem Rudel getrennt haben? Bestätigungen, Pirschzeichen gab es nicht. Also dachte ich: „Lass die Hunde, sie werden schon richtig liegen."

Aus der Senke klang der Standlaut der Hunde zu mir herauf.

So stapften wir durch den verschneiten Fichtenbestand. Fährten waren nicht zu sehen, wenn es Pirschzeichen gab, war alles zugeschneit, nur die Hundenase mochte hier den Weg finden. Dann kamen mir wieder Zweifel, und während ich noch überlegte, ob ich die Hunde abnehmen und neu ansetzen sollte, ließen sie sich beide plötzlich nicht mehr halten. Sie stürmten durch den Schnee weiter den Hang hinunter. Ich verlor sie aus den Augen. Dann wurden sie laut, Hetzlaut, kurz danach Standlaut aus der Senke unter mir. Der Standlaut hielt an. Ich kreuzte einen Weg und hatte das Bild, ein unvergessliches Bild vor mir: Das Schaf hatte sich in einem schmalen Bacheinschnitt in der verschneiten Landschaft im Schmelzwasser gestellt, beide Hunde standen an den Böschungen und gaben heftig Laut.

Der Fangschuss war eigentlich trotz der Hunde kein Problem. Schwieriger war es beinahe, das Stück zwischen den Steinen aus dem Wasser zu bergen. Brave Hunde, die den Absprung gefunden hatten und nicht stetig dem Rudel gefolgt waren. Unerklärlich blieb mir allerdings, weshalb sie das Stück nicht niedergezogen hatten.

Mit Anke und Kurre im Watt

Später jagten die Hunde und ich im Watt auf Enten. Anke saß so vor meinem provisorischen Schirm aus Strandgut, Strandastern und Gras, dass sie zwar gedeckt war, aber doch ganz gut beobachten konnte. Ich schaute nach Enten, beobachtete den Hund und hatte dabei das Gefühl, sie konnte inzwischen genau zwischen Breitschnäbeln, Möwen und sonstigen Vögeln unterscheiden. Bei Enten stellte sie die Gehöre hoch und ging deutlich erkennbar mit dem Kopf mit, sobald sie in Sichtweite auftauchten. Die übrigen Vögel wurden dagegen nur kurz in Augenschein genommen und dann eigentlich überhaupt nicht weiter beachtet.

Es wurde dämmerig, ich konnte nicht mehr weit sehen. Das heranbrausende Schof erblickte ich trotzdem gerade noch rechtzeitig, aber ich glaubte, vorbeigeschossen zu haben – alle Enten flogen anscheinend unbeeindruckt weiter. Doch Anke sauste hinter ihnen her, rann durch den vorbeifließenden Priel und war im nächsten Augenblick in Dämmerung und Strandastern verschwunden. Es dauerte lange, bis sie wieder erschien und dabei auf den ersten Blick ziemlich unförmig aussah. Sie hatte tatsächlich eine Ente im Fang! Ich fragte mich, woran sie wohl erkannt hatte, dass der Schuss nicht ganz gefehlt war und wie weit sie wohl gefolgt sein mochte, bis sie die Ente schließlich fangen konnte.

Dann dachte ich an ein früheres Erlebnis, als noch beide Hunde lebten. Anke apportierte zu dem Zeitpunkt absolut sicher, während Kurre noch dazulernen musste. Wieder hatte ich eine Stockente schlecht getroffen, sie zeichnete und ging im Sinkflug, weit von uns entfernt, im Deichvorland nieder. Ich schickte beide Hunde los. Doch war ich höchst überrascht, als es mir nach einiger Zeit so schien, sie kämen, etwas Helles apportierend, zurück.

Anke bringt die Stockente, Kurre kommt mit einer Brandgans angelaufen.

Tatsächlich brachte Kurre eine Brandgans, während Anke locker neben ihm herlief.

Die Brandgans hatte eine verletzte Schwinge und lebte noch. Ich nahm Kurre den Vogel ab. Doch was nun? Brandgänse waren und sind streng geschützt, vielleicht nicht gerade vom Aussterben bedroht, aber eben kein jagdbares Wild. Welcher Mensch hätte mir wohl glauben können, dass ich nicht auf den Vogel geschossen hatte, sondern dass die Hunde ihn im Heller bei der Nachsuche nach einer korrekt beschossenen Ente sozusagen als Beifang gefunden hatten? So schickte ich beide Hunde erneut auf die Suche. Diesmal kam Anke schnell mit der richtigen Stockente.

Kurre kommt nicht zurück

Kurre ging auf der Jagd verloren. Wir jagten bei leichter Schneedecke in der Nähe zur damaligen innerdeutschen Grenze auf Damwild und Sauen. Es war am späten Nachmittag gegen Ende des Treibens. Beide Hunde waren schon zu mir zurückgekommen und saßen rechts und links neben mir auf dem Stand. Vor und hinter uns lagen Kiefernalthölzer mit einzelnen, unterständigen Fichten und hohem Beerkraut. Bei nahezu Windstille konnte man weit hören, vernahm aber lange Zeit nichts, bis plötzlich, gar nicht so weit vor uns, heftiger Laut eines kleineren Hundes erschallte.

Beide Hunde stellten ihre Gehöre vor und lauschten aufmerksam, was da wohl sein mochte. Standlaut, ganz deutlich und ganz eindeutig. Ich wartete noch ein Weilchen und schickte dann meine beiden zu Hilfe. Sie sausten direkt in Richtung auf den Hundelaut los und fielen bald ein. Jetzt erscholl näher kommender Hetzlaut, zuerst in meine Richtung, dann aber mehr in Richtung meiner westlichen Nachbarn. Nach kurzer Zeit fielen dort drei oder vier Schüsse. Dann waren die Hunde ruhig. Die Erklärung lag auf der Hand: Die Nachbarn hatten getroffen, die Hunde zausten die Beute – nach dem Geschehen vermutlich Damwild. Doch kurze Zeit später hörte ich mindestens meine beiden Hunde außerhalb des Treibens im Nachbarbestand wieder Laut geben. Ich versuchte, sie abzupfeifen. Anke kam zurück, während man ihren Sohn unbekümmert weiterjagen hörte. Ich pfiff wiederholt, aber der Hund gehorchte nicht – wenn er denn meinen Befehl überhaupt noch vernommen hat. Die Stimme entfernte sich weiter und weiter, bis sie schließlich in der beginnenden Dämmerung entschwand.

Die Jagd war beendet, aber Kurre kam nicht zurück. Es wurde dunkel, doch kein Hund weit und breit. Am Streckenplatz, bei den Treibern, nirgends eine Spur von ihm. Ich fuhr zurück zu meinem Stand und hinterließ dort meinen Lodenmantel, fuhr mit Hilfe weiterer Jäger die angrenzenden Waldwege in der Dunkelheit ab – nichts. Wir gingen zum Abendessen und fuhren anschließend noch einmal in den Wald. Es half alles nichts, ich musste mit nur einem Hund die Heimfahrt antreten.

Mit dem beginnenden Tageslicht war ich am nächsten Morgen wieder vor Ort. Der Mantel lag vollkommen unberührt, Kurre war nicht zurückgekehrt. Irgendetwas Schlimmes musste passiert sein. Der Möglichkeiten gab es viele. Es war nahezu Vollmond in jener Nacht. Sollte etwa ein auf Schwarzwild ansitzender „Jäger" den Hund in einer Nachbarjagd umgebracht haben? War er auf DDR-Gebiet in eine Mine geraten? Hatte ihn schlicht jemand an einer Straße entlangtraben sehen und in sein Auto geladen? Kurre fuhr ja, zutraulich zu jedermann, auch bei den Jagden nach dem Treiben in jedem Fahrzeug, das ihn aufnahm, gerne mit. Die Fragen wurden nie beantwortet, es halfen keine Anzeigen in der Presse und keine sonstigen Informationen der örtlichen Bevölkerung. Der Hund blieb verschwunden. Kurre war unersetzlich. Wir bekamen Kurre nie wieder. So stand mir fortan nur noch Anke zur Verfügung. Sie war ein Spitzenhund, konnte aber natürlich allein nicht das leisten, was beiden gemeinsam gelungen war. Es gab immer wieder Situationen, in denen man das ganz deutlich spürte. Wir fielen gewissermaßen auf Normalmaß zurück. Doch Anke blieb einfach gut. Immer wieder hatte ich Anlass, mich über diesen Hund und seine jagdlichen Leistungen zu freuen.

Anke kam schließlich im Alter von nahezu 12 Jahren beim Überqueren einer Straße bei einem Autounfall ums Leben. Sie liegt in unserem Garten unter einem Seidelbaststrauch. Wenn er blüht, denke ich daran, mit Flinte und Hund in das Schnepfenbruch zu ziehen.

Lotte

Als Ankes Nachfolgerin suchten wir uns eine schwarze Labradorhündin mit einem sehr eindrucksvollen Stammbaum aus dem noch vollständigen Wurf eines belgischen Züchters aus. Um Nase und Findigkeit des auszuwählenden Welpen besser prüfen zu können, hatte ich mir ein Stück Rehleber aus der Gefriertruhe mitgenommen.

Mit der ganzen Züchterfamilie empfing uns eine vergnügt auf dem gepflegten Rasen spielende Labradormeute. Ich durfte mir einen der Welpen aus dem Knäuel aussuchen. Aber wie fängt man das an, wenn alle gleich schwarz aussehen und sich wie ein Ei dem anderen gleichen?

Die Grundregel hatte ich von meinem Vater gelernt: Man solle im geschlossenen Wurf mehr auf die vitaleren und zierlicheren als auf die behäbigen, kräftigeren Tierchen achten. Die schwächeren könnten sich die Fleischtöpfe nicht mit der Masse ihres Körpergewichts sichern, sondern wären stattdessen gezwungen, schon früh ihr Gehirn zu nutzen, um durch Phantasie und Kreativität zu ersetzen, was ihnen an Kraft und Volumen fehle. Ob das einer wissenschaftlichen Prüfung standhält, mag dahingestellt sein. Ich bin jedenfalls schon bei Anke und Kurre gut damit gefahren.

So nahm ich nun hier die mitgebrachte Leber und warf ein Stückchen davon in Windrichtung, ca. drei Meter von dem Knäuel spielender Hunde entfernt, auf den Rasen. Es dauerte nicht lange, bis zwei der schwarzen Kugeln die Witterung aufnahmen und nach der Duftquelle suchten. Sie fanden die Leber schließlich. Aber das Ergebnis war nicht eindeutig. Es konnte auch mehr oder weniger Zufall sein. Also wurde das Spiel mit einem etwas größeren Stück und einer vergrößerten Entfernung wiederholt.

Unterdessen spielten die beiden im ersten Versuch erfolgreichen Welpen mit den anderen einige Meter entfernt auf dem Rasen. Dieses Mal löste sich eine zierlichere Hündin ziemlich schnell aus der Gruppe und griff sich die Leber, um … damit zu spielen! Selbst der Züchter lachte. Doch nun markierten wir dieses Tierchen, um es besser von den übrigen unterscheiden zu können. Wir setzten es wieder zu den anderen und konnten es genauer beobachten. Die markierte Hündin gefiel uns in ihrer munteren, in sich auch sicheren Art.

Lotte war unser erster Labrador.

Wir machten eine weitere Leberprobe. „Unsere“ Hündin war diesmal zwar nicht die erste, aber sie war wieder mit dabei. So wurde die Wahl getroffen. Ob wir wirklich die bestveranlagte Hündin herausgegriffen hatten? Wir glaubten es, nahmen sie auf dem Arm mit in den Wagen und traten fröhlich die weite Heimfahrt an.

Lotte zeichnete sich von Anfang an durch eine auffallende Lernbereitschaft aus. Mit ihr konnte man wirklich alles machen. Sie war zu den Kindern noch geduldiger als Anke, ließ sich karierte Kopftücher umbinden und

„Söckchen“ anziehen – es sah zu komisch aus, wenn sie so ausstaffiert durch den Garten tapste.

Jagdlich wurde auch sie ein Ass. Ihr Appell war so sicher, dass man Halsung und Riemen fast vergessen konnte. Unter der Kanzel oder auf dem Stand konnte man sie zuverlässig unangeleint ablegen. Da mochte ruhig Wild ganz nah vorbeiziehen – Lotte würde sich nicht rühren. Den Beweis lieferte sie, als ich eines schönen Nachmittags Ende September/ Anfang Oktober zusammen mit Georges v. H., einem belgischen Freund, am Rande eines Buchenaltholzes vor einer Buchen-Fichten-Kultur auf einer Kanzel saß und darauf hoffte, in der auslaufenden Brunft noch Rotwild zu Gesicht zu bekommen. Der Hund wurde wie üblich unangeleint am Kanzelfuß abgelegt.

Doch kam statt des Rotwildes in der Kultur vor uns zunächst von hinten aus den Buchen ein 10–15 Kopf starkes Rudel Muffel (geringe Widder, Schafe, Lämmer) direkt auf unsere Kanzel zu. Der Hund hatte sie früh mitbekommen. Man sah es an der Haltung von Kopf und Gehören. Die Muffel kamen näher und passierten die Kanzel wenige Schritte entfernt. Der Hund rührte sich nicht. Die Muffel bekamen die Hündin nicht mit und zogen ungerührt ihres Weges.

G. v. H., der ebenfalls ein Leben lang mit Hunden Umgang hatte, war so beeindruckt, dass er sofort darum bat, aus Lottes nächstem Wurf einen Welpen zu bekommen.

Lotte war natürlich hervorragend im Apportieren, verwies mit absoluter Sicherheit jeden Anschuss und führte sicher zu dem verendeten Stück.

Bei den herbst- und winterlichen Hochwildjagden konnte ich Lotte als Stöberhund allerdings nicht einsetzen. Ihre Bindung an mich war zu stark. Gab ich sie einem Treiber mit, schien das zunächst ohne Schwierigkeiten möglich, doch kaum wurde sie vom Riemen gelöst, suchte sie mit Sicherheit die gesamte Schützenlinie so lange ab, bis sie mich gefunden hatte.

Lotte als Standbegleitung

Als Konsequenz nahm ich sie selbst mit auf den Stand. Da war sie wegen ihrer Ruhe und Aufmerksamkeit aber schon bald unersetzlich, besonders dann, wenn man nur ein begrenztes Sicht- und Schussfeld hatte. Lottchen saß dann so vor mir, dass ich sie immer im Auge hatte und an ihren Kopfbewegungen und Gehörstellungen sehen konnte, ob und wo sich Wild vor uns in der Dickung bewegte. So war ich eigentlich immer vorbereitet, wenn etwas kam, stand oft schon im Halbanschlag und brauchte nur noch anzusprechen. Das klappte natürlich auch nicht immer, aber manches Mal eben doch nahezu perfekt.

So erinnere ich mich an eine Saujagd, bei der es in der Dickung besonders hoch herging. Wir standen zwischen zwei Kieferndickungen auf einem ziemlich schmalen Weg. Der Dickungsrand war bis unten beastet, es folgte ein Streifen Heide mit den Fahrspuren, dann wieder Heide und der gegenüberliegende Dickungsrand. Das alles war für eine hochflüchtige Sau zwei bis allenfalls drei Fluchten breit.

Plötzlich nahm Lottchen den Kopf hoch, stellte die kurzen Gehöre auf und drehte den Kopf langsam nach rechts. Ich hörte nichts, aber es war klar: Vor uns musste ein Stück Wild ziehen. Dann blieb der Kopf unverrückbar stehen, der Hund zitterte vor Erregung. Längst hatte ich das Gewehr angehoben. Aber es passierte nichts, obwohl der Blick zum Hund zeigte: Das Stück verhoffte vor uns in der Dickung. Nur jetzt nicht bewegen, warten. Irgendwie hatte ich das Gefühl, das hier kein Rotwild, sondern eine Sau verhoffte. Der Hundekopf wies starr und vollkommen unbeweglich immer auf denselben Punkt. Die Arme wurden müde und konnten das Gewehr kaum noch halten. Ich senkte es kurz ab und nahm es doch sogleich wieder hoch. Das Geschehen im Treiben nahm ich nur noch am Rande wahr. Ich war nur auf diesen Punkt in der Kieferndickung und den Kopf des Hundes konzentriert. Es kamen nicht einmal Zweifel auf, ob der Hund sich täuschen könnte, nein, da stand ganz dicht hinter dem uneinsehbaren Rand im Bestandesinneren ein Stück Wild. Aber Rotwild konnte das wirklich nicht sein. So lange verhoffte das nicht unbeweglich an derselben Stelle. Ich wurde immer sicherer, das musste eine Sau sein, nein, das *war* eine Sau. Und dann kam sie plötzlich wie ein braun-schwarzer Ball auf kurze Entfernung aus der Dickung geflogen. Mein Auge hatte sofort erfasst: Frischling. Schon schwebte der Zielstachel im vorderen Bereich. In der zweiten Flucht fiel der Schuss. Die Sau überschlug sich wie ein Hase. Sie schlegelte noch einige Male mit den Hinterläufen und blieb dann im Heidekraut an der gegenüberliegenden Wegekante – mit dem Wurf in die Richtung weisend, aus der sie gerade gekommen war – reglos liegen. Von der langen Anspannung sank ich erschöpft zusammen, holte ganz tief Luft, schaute auf die verendete Sau und wusste: Ohne den aufmerksamen und absolut ruhigen Hund an meiner Seite hätte ich diesen Frischling niemals bekommen.

Apportieren aus Lust

Das Apportieren lag Lottchen rassebedingt im Blut. Ob Hase, Ente, Taube, Kaninchen oder Fasan – sie schleppte alles heran. In unübersichtlichen Biotopen, besonders, wenn die Kaninchen unter Brombeerranken Deckung fanden, liebte sie es, mit kurzen Sätzen von oben in den Dschungel zu springen. Es konnte dann auch schon gelegentlich einmal vorkommen, dass sie plötzlich ein Kaninchen apportierte, auf das ich gar nicht geschossen hatte. Sie selbst hatte es gefangen!

Unübertrefflich war sie aber vor allem bei der Jagd auf Enten und andere Vögel. Dabei kam ihr eine noch ausgeprägtere Beobachtungsgabe, als das schon bei Anke der Fall war, zugute. Lottchen unterschied nicht nur Enten von Möwen, sondern mit derselben Sicherheit auch Tauben von anderen Vögeln.

Auch sie sah bei den nach einem Schuss weiterfliegenden Vögeln sehr genau, ob ich gefehlt hatte oder ob das nicht der Fall war. So hat sie wiederholt weit vom Schirm niedergehende Tauben, von denen ich überzeugt war, sie nicht getroffen zu haben, vom Stoppel oder aus den angrenzenden Rübenschlägen geholt. Ich gewöhnte mir das Kommando „Apport" daher im Laufe der Zeit ab und ließ den Hund allein entscheiden. Sie war da sicherer und wusste, wann es etwas zu apportieren gab.

Der Apportierdrang wäre Lottchen an einem Wintertag in Holland beinahe zum Verhängnis geworden. Wir kamen auf dem Weg zur Entenjagd zu dritt an einem von den Rändern her zugefrorenen, in der Mitte aber offenen Teich vorbei. Lottchen trabte frei neben uns her, als in guter Höhe auf passende Schussentfernung drei Stockenten in Richtung Teich angeflogen kamen. Anstatt sie vorbeifliegen zu lassen, wurden sie aus unserer Gruppe unter Beschuss genommen. Ein Erpel klatschte in das offene Wasser.

Lottchen hatte die Ente fallen sehen und war nicht mehr zu halten. Sie lief über das Eis, stürzte sich in das Wasser und holte den Erpel. Aber dann schaffte sie es nicht, aus dem Wasser wieder auf das Eis zu gelangen. Das dünne Randeis brach, sobald sie mit den Vorderläufen daran Halt suchte. Von dem anschließenden stärkeren und tragenden Eis rutschte sie immer wieder ab. Die ganze Zeit über behielt sie dabei die Ente im Fang.

Der Teich war ringsum zugefroren, überall dasselbe dünne Eis um das offene Wasser. Also war es sinnlos, um den Teich herumzulaufen und den Hund an eine andere, besser zugängliche Stelle zu dirigieren. Aber etwas musste geschehen – ohne unsere Hilfe wäre der Hund verloren gewesen.

Doch was blieb zu tun? Wir waren meilenweit von den nächstgelegenen Höfen entfernt, hatten einen weiten Weg zum Auto. Es würde zu lange dauern, bis wir auf diese Weise Hilfe herbeiholen konnten. Wir mussten uns vor Ort selber helfen.

Ich sah in der Nähe ein hölzernes Koppeltor, hob es aus und legte es längs auf das Eis. Dann befestigten wir die Hundeleine und daran anknüpfend die drei Gewehrriemen an der dem Land zugewandten Schmalseite. Schließlich legte ich mich der Länge nach auf diese Unterlage und schob mich damit auf das Eis hinaus, während die beiden Freunde, fest und

Das Apportieren lag Lotte im Blut.

sicher am Ufer stehend, das freie Ende des improvisierten Seiles hielten und mich so an Land hätten ziehen können, falls das Eis unter meinem Gewicht nachgegeben hätte. Die Sache ging gut.

Ich kam so weit an den Rand von tragendem Eis zu offenem Wasser, dass ich mit der Hand hinter den Kopf des Hundes greifen und ihm damit Halt geben konnte. Lottchen stützte sich ab, ich zog, und schließlich war sie auf dem Eis. Ich konnte mich zurückziehen lassen.

Wir hatten unseren Hund also wieder, doch war uns die Lust auf weitere Enten für den betreffenden Tag vergangen.

Jagen mit drei schwarzen Labradors

Am meisten Freude machte es jedoch, wenn wir im August in Flandern bei unserem belgischen Freund G. v. H. und seinen beiden ebenfalls schwarzen Labradors jagen konnten. Was kann eigentlich schöner sein, als reichlich Enten und wirklich perfekt arbeitende und dabei aufeinander eingespielte Hunde zu erleben?

Es war beispielsweise geradezu faszinierend zu beobachten, wie diese Hunde die jenseits eines breiten Tiefs in eine Bullenweide gefallenen Enten holten. Dabei kannten die Bullen ganz offensichtlich ebenso wie die Hunde das Spiel: Ein oder zwei Hunde schwammen durch das Wasser zum jenseitigen Ufer und wurden dort von den jungen Stieren erwartet. Sie bliesen und schnaubten und ließen die Hunde nicht an Land.

Währenddessen schwamm ein weiterer Labrador einige Meter entfernt hinüber, kletterte an Land und holte sich die erstbeste Ente, die er unbehelligt erreichen konnte. Das bekamen die Bullen natürlich mit und rannten nun hinter diesem Hund her. Selbstverständlich konnten sie ihn nicht einholen, und so vermochte er die Ente wohlbehalten bei seinem Führer auf der sicheren Seite des Tiefs abzuliefern. Unterdessen hatte der oder hatten die anderen beiden Labs den Abzug der Bullen genutzt, um selbst ungefährdet an Land zu kommen und sich weitere Enten zu holen. Das Spiel wurde so lange wiederholt, bis alle Enten und Hunde in Sicherheit waren.

Eher noch spannender, wenn vielleicht auch nicht so dramatisch war es, wenn die Hunde nach geflügelten Enten im Wasser und in den dicht bewachsenen Uferzonen jagten. Auch hierbei konnte man Teamarbeit im besten Sinn des Wortes beobachten. Die einen Hunde schwammen im offenen Wasser, während andere das Pflanzengewirr vom Land aus durchsuchten. Sie fanden jede Ente. Versuchte eine Ente zu tauchen, wussten die Hunde, irgendwann kommt sie auch wieder hoch, paddelten hin und her, beobachteten die Wasseroberfläche und warteten darauf, dass sich

Entenjagd in Flandern mit drei schwarzen Labradoren

irgendwo eine Bewegung zeigte. Selbst wenn die Enten versuchten, unter Wasser schwimmend zu entkommen, die Hunde bekamen das mit und fassten sie dann eben 100 Meter weiter bachauf- oder bachabwärts.

Echte und manchmal auch ungelöste Schwierigkeiten gab es eigentlich nur dann, wenn es den Enten gelang, sich in Hohlräume unter überhängenden Grassoden an unterspülten Ufern zu retten. Dorthin konnten die Hunde ihnen nicht folgen. Sie wussten, die Enten mussten dort irgendwo stecken, kreisten im Wasser, durchsuchten wieder und wieder den Uferbereich, gingen wieder zurück in das Wasser. Und konnten doch der Enten nicht habhaft werden. Doch es kam höchst selten vor, dass *diese* Hunde einmal unverrichteter Dinge aufgeben mussten.

Lottchen wurde 11 Jahre alt und ist dann nach einer Krebsoperation nicht mehr aus der Narkose aufgewacht.

Eine hundelose Zeit

Danach vergingen 1 ½ Jahre, in denen wir zum ersten Mal in unserem Haus keinen Hund um uns hatten. Am schwierigsten erwies sich das Fehlen des Hundes in vielfältiger Weise bei der Jagd. Ich merkte erst jetzt, wie oft ich den Hund auch praktisch brauchte oder mir seine Fähigkeiten zunutze gemacht hatte. Jeden Anschuss musste ich nun selber finden. Es war auch kein Problem, bei gutem Licht der Fluchtfährte eines gut schweißenden Bockes durch Himbeeren oder Buchennaturverjüngung zu folgen. Aber ist es immer so einfach?

Ich schoss in der Blattzeit im auslaufenden Büchsenlicht auf einen Bock am Waldrand. Weil ich über keinen Hund verfügte, hatte ich schon mein übliches Rehwildkaliber gegen eine stärkere Waffe getauscht. Trotzdem lag der Bock nicht im Knall, sondern verschwand im Bestandesinneren. Ich konnte mir die Stelle gut merken, und so hatte ich schnell den dunklen Leberschweiß auf einigen Farnwedeln am Einwechsel gefunden. Hm, Leber, Sommerabend, was tun? Das Gesetz heißt: Krank werden lassen und am kommenden Morgen holen. Aber war es dazu nicht zu warm, das Stück morgen früh bereits verhitzt? Vielleicht würde er ja gleich hinter dem Bestandesrand liegen.

Ich wartete noch ein wenig, um dann zu folgen. Zunächst konnte ich noch Schweiß finden, doch im anschließenden Bestandesschatten war es schon zu dunkel – ich sah nichts mehr. So musste ich notgedrungen abbrechen, um die Nachsuche am kommenden Morgen fortzusetzen. Dann war es bei Tageslicht kein Problem, der Fährte zu folgen, der Schweiß war gut zu sehen. Schließlich fand ich ihn: Sauen hatten hier in der Nacht gewirtschaftet – Sauen haben doch auch eine gute Nase. Vom Bock waren der nahezu unversehrte Kopf, die Läufe, einige weitere Knochen und einige Deckenfetzen übrig geblieben!

Ich bin sicher, mit Lottchen wäre mir das nicht passiert. Die hätte ich noch am Abend suchen lassen. Und wir hätten den Bock bekommen. Selbst wenn er noch nicht verendet gewesen wäre. Lottchen hätte ihn dann niedergezogen. Mental wurden damit die Weichen für einen neuen Hund gestellt.

Tessa

Wir blieben bei Labrador. Diesmal wurde es eine blonde Hündin, die wir nach denselben Grundregeln wie Lottchen und wieder unter Verwendung einer eingefrorenen Leber auswählten. Tessa hatte von vornherein mehr eigenen Willen als Lottchen. Sie entwickelte sich prächtig und lernte geradezu phantastisch. Man hatte das Gefühl, Tessa war darauf aus, zu tun, was der Herr von ihr erwartete. Aber sie blieb dabei immer ein selbstständiger Charakter.

Wie Lotte wurde auch Tessa zu einem hervorragenden Gebrauchshund. Auch das Apportieren lag ihr im Blut. Die Gutmütigkeit und Führigkeit, Gehorsam und Zuverlässigkeit, Ruhe und ausdauernde Vitalität, hervorragende Nase und Augen, all dies hatten beide Hunde. Diese Hunde hörten die Enten kommen, meistens lange bevor ich selbst sie sah. Bei der Suche im Feld konnte man sie wunderbar kurz unter der Flinte halten. Sie ließen sich von jedem gesunden Hasen abpfeifen.

Eines Tages hatten wir zu dritt an einem etwa zwei bis drei Meter breiten und ziemlich tiefen, mit Schilf, Gräsern und Lampenputzern gesäumten Graben aus einem aufstehenden Schof einige Enten geschossen. Zwei oder drei fielen tot auf den angrenzenden Acker, aber eine war nur geflügelt und im nächsten Augenblick auch schon im Bach verschwunden. Sie tauchte in einen Schilfbusch. Es dauerte, bis der Hund sie dort mitbekam. Als Tessa in das Dickicht eindrang, suchte die Ente tauchend stromaufwärts das Weite. Wir konnten sie von der Böschungskante aus zwar gut unter der Wasseroberfläche schwimmen sehen, mochten aber auf die kurze Entfernung von vier, fünf Metern natürlich nicht schießen. Dann war die Ente in dem aufgewühlten Wasser verschwunden.

Nach einiger Zeit sahen wir Tessa an, dass sie wieder Witterung hatte, wieder steckte der Vogel in der dichten Ufervegetation. Das Spiel wiederholte sich. Der Hund sprang zu, bekam aber die Ente nicht zu fassen. Im Augenblick quirlte das Wasser, und dann sahen wir die Ente von der Böschung aus wieder unter Wasser stromaufwärts schwimmen. Diesmal gelang es, dem Hund den praktisch zu unseren Füßen rinnenden Vogel

Tessa besaß alle guten Eigenschaften, die man sich wünschen kann.

zu zeigen. Tessa jagte einige Schritte hinterher, sprang dann von der Böschung aus mitten in das Wasser und tauchte sofort hinter der Ente her. Der Hund war wie ein Otter vollkommen unter der Wasseroberfläche verschwunden. Wir konnten in dem strudelnden Wasser nicht sehen, was im Einzelnen geschah. Doch dann schwamm der Hund mit der Ente im Fang an das Ufer. Die daneben stehenden Jäger meinten übereinstimmend, so etwas hätten sie noch nie gesehen.

Tessa als Standbegleitung

Auf dem Stand war Tessa genauso ruhig wie Lottchen. Sie vernahm und verwies anziehendes Wild wie jene. Und unterlag denselben Täuschungen, etwa, wenn bei stärkerem Wind ein Ast brach. Es kam vor, dass Tessa den Kopf schlagartig in die Richtung des Geräusches drehte und ich hinschaute, während im selben Augenblick ein einzelner Überläufer hinter mir vorbeizog. Ich sah ihn aber infolge der Ablenkung zu spät. Doch das ist ganz selten einmal der Fall. Viel öfter wurde ich durch Tessa auf das anziehende Wild rechtzeitig vorbereitet und war fertig zum Schuss, wenn es so weit war.

Aber Tessa konnte ich im Gegensatz zu Lottchen auch jederzeit den Treibern mitgeben und mir hinterher berichten lassen, wie gut der Hund die Sauen – leider auch die Rehe – gejagt hatte. Manchmal hatte ich die Gelegenheit, auch selbst von Weitem die Suche dieses Hundes zu beobachten. Auf einer winterlichen Drückjagd sah ich zwei oder drei Sauen durch Buchenstangen in Richtung meiner linken Nachbarn flüchten. Es fielen einige Schüsse, aber ich konnte das Gelände nicht gut einsehen und deshalb nicht erkennen, ob Wild zur Stecke gekommen war. Dann hörte ich die Treiber näherkommen – vor ihnen tauchte die blonde Tessa auf. Als sie auf die Saufährten kam, folgte sie ihnen und passierte dabei die Linie zwischen meinem nächsten und übernächsten Nachbarn. Nach ca. 50–60 Metern sah ich zwar wegen des Geländeknicks den Hund selbst nicht mehr, aber dafür schließlich die hoch erhobene helle Rute an einer Stelle eine Zeit lang wedeln. So wusste ich, die Nachbarn hatten mindestens eine Sau geschossen.

Fuchs und Hasen bei Schnee

Ein anderes Mal stokelten wir mit wenigen Flinten zwischen Weihnachten und Neujahr bei Freund J. L. in einem kleinen Waldstück auf Fuchs und Hase. Ich hatte einen Fürstenstand inmitten des Wäldchens zwischen alten Eichen und unterständigen Haselbüschen.

Tessa hatte ich den Treibern mitgegeben. Ich hörte ziemlich weit entfernt plötzlich rufen: „Hase nach rechts!“ Dann fielen in südlicher Richtung zwei

Schüsse, danach war trotz der Entfernung zu hören, wie jemand das Kommando „Apport“ rief. Ich blickte in die Richtung von Schüssen und Ruf und glaubte meinen Augen nicht zu trauen, als ich Tessa nach geraumer Zeit mit einem Hasen im Fang quer durch das ziemlich dichte Unterholz auf mich zukommen sah. Woher wusste der Hund so präzise, wo sein Herr stand? Bei Feldjagden ist es ja eigentlich häufig die Regel, dass die Hunde das von den Nachbarn erlegte Wild ihren Herren apportieren. Da stehen sie aber auch stets mit ihnen in Sichtverbindung. Doch hier war die Situation total anders, und trotzdem bekam nicht der Schütze, sondern der einige 100 Schritt unsichtbar hinter Büschen und Bäumen verborgene Herr den Hasen.

Hunde gehörten dazu

Diese Erlebnisse mögen ausreichen, um zu zeigen, auf wie vielfältige Weise die Jagd mit Hunden immer wieder Erfolg, Freude und Überraschungen mit sich brachte. Deswegen ist für mich sowohl Jagd ohne Hund wie ein Leben ohne Hund zwar denkbar, aber tatsächlich sinnlos, wie schon Loriot nicht wortwörtlich, aber treffend bemerkte.

Das mag zum Teil aber auch daran liegen, dass ich eigentlich immer Hunde mit Spitzenleistungen hatte. Alle hatten einen hervorragenden Appell, alle waren unproblematisch und angenehm im Umgang. Alle lösten ihre Aufgaben immer wieder in beeindruckender Weise. Leider habe ich es aber nie geschafft, einen Hund zum Totverbeller abzurichten.

Rebhühner, Fasanen, Hasen und Kaninchen gab es reichlich.

Meine ersten jagdlichen Erfahrungen

Niederwild

Der Herbst hatte begonnen. Ich war noch Pennäler. Im Emsland gab es damals Niederwild in reicher Fülle. So gerieten Schularbeiten und Tanzstunde ins Hintertreffen, sobald es darum ging, den Vater in die Niedergrafschaft zu begleiten, wenn er nachmittags zusammen mit zwei oder drei Freunden zuerst Rebhühner, später im Jahr auch Kaninchen, Hasen und Fasanen jagen wollte. Ich durfte dabei sein, trug erlegtes Wild und fand alles total aufregend, egal, ob nun ein Kaninchen durch den Knick huschte oder die Hunde vorstanden und dann eine Kette Hühner oder einzelne Fasanen hoch machten. Manchmal musste ich ziemlich viel schleppen, aber es machte richtig Spaß.

In kleinem Kreis suchten wir regelmäßig an diesen herrlichen Nachmittagen bei blauem Himmel und wunderschönen Kumuluswolken mit den erfahrenen Vorstehhunden – meist Deutsch Draht- oder Deutsch Kurzhaar – das Wild in den reifenden Kartoffel- oder Futterrübenfeldern, auf den Stoppeln oder an den Knicks. Die Hunde suchten, wir folgten ihnen. Sie standen vor, bilderbuchmäßig und wunderbar fest, oder zogen langsam hinter den Hühnern her, bis diese sich drückten. Dann machte man sie hoch, Schüsse fielen und zugleich meistens auch einige Hühner. Wir verfolgten die davonfliegenden Vögel, bis sie irgendwo wieder einfielen. Verloren wir die Kette aus den Augen, wurde die nächste gesucht. Es gab damals noch so reichlich Hühner, dass es für die geübten Schützen leicht möglich war, ein Dutzend Hühner oder sogar mehr im Laufe eines Nachmittags zu erlegen.

Wie wundervoll schmeckte dem Pennäler das erste Bier in der Gemeinschaft mit den erwachsenen Jägern. Ich war ja noch Schüler und rechnete mich in solcher Runde doch schon zu den Großen.

Ab Mitte Oktober traten die Hühner mehr in den Hintergrund, jetzt ging es stärker um Hasen und Fasanen, natürlich wurden daneben weiterhin auch zufällig aufstehende Hühner, Kaninchen und Tauben mitgenommen. Es waren immer nur drei, vier, allenfalls fünf Schützen. Sie hatten meistens drei gute Vorstehhunde und machten reiche, bunte Beute. Am spannendsten war es, wenn wir die Knicks absuchten und dabei ein oder zwei Schützen auf beiden Seiten des Walls entlangliefen, während die Hunde durch Brombeeren und sonstige Büsche stöberten, um das Wild herauszudrücken.

Es waren immer bunte Strecken, mehrheitlich aus Kaninchen und Fasanen, dazu einzelne Hasen, ein paar Tauben und manchmal auch einige

Hühner. Und das alles nach der Schulzeit! Wen wundert's, wenn dabei die Tanzstunden zu kurz kamen?

Meine ersten Kaninchen

So wurde es Spätherbst, und das Laub war schon größtenteils gefallen, als wir zu dritt – der Vater, ein weiterer Jäger und ich – wieder einmal entlang der Knicks und durch die kleinen Gehölze stokelten. Einige Fasanen und Kaninchen baumelten bereits an den Galgen.

Der Vater ging unsichtbar auf der gegenüberliegenden Seite des Knicks. Ich folgte dem Land-, Forst- und Gastwirt T. Plötzlich blieb er stehen, reichte mir seine Flinte: Ich solle unter seiner Anleitung nun ein Kaninchen schießen. Mein Herz tat einen Sprung. Noch heute spüre ich die damalige Freude, als ich das Gewehr in die Hand nahm. Es ging um mein erstes Kaninchen!

Wir pirschten weiter den Knick entlang. Ich weiß nicht, wer aufgeregter war. Mir schlug das Herz bis zum Halse. Natürlich hatte ich bis dahin heimlich an Vaters Flinte das Öffnen und Schließen, Sichern und Entsichern, das Laden und Entladen geübt, aber nach dem eingangs erwähnten Krähenerlebnis bisher noch keinen einzigen Schuss abgegeben. Vor uns saß plötzlich auf ca. 30 Schritt ein Kanin. Da flüsterte mein Führer: „Schieß!" Schon hatte ich die Flinte am Kopf. Ich weiß gar nicht mehr, ob ich sie fest genug eingesetzt hatte oder ob ich einen kräftigen Rückschlag erhielt, aber ich war fassungslos vor Glück, als das Kaninchen tatsächlich im Knall lag. Ich glaube, es war noch ein ziemlich kleines Kaninchen. Wir nahmen es auf und pirschten weiter.

Am Ende des Knicks saßen die nächsten beiden. Wieder kam das Kommando „Schieß!" Ich zielte und schoss – wieder mit demselben Ergebnis. Auch dieses Kaninchen lag im Knall. Der wohlmeinende väterliche Freund T. nahm es auf und reichte mir eine neue Patrone. Ich nahm die abgeschossene Hülse aus dem rechten Lauf und lud fast schon routiniert nach. Der Knick verlief in Richtung einer Kieferndickung – ich sollte hier vorangehen, T. schritt, mir über die Schulter schauend, hinterher. Da sahen wir ein weiteres Kaninchen auf gute Schussentfernung vor uns. Meinen fragenden Blick beantwortete mein Führer mit einem kurzen Nicken. Während ich die Flinte hochnahm, hoppelte das Kaninchen langsam los. Jetzt fühlte ich mich schon so sicher, dass ich auf das langsam „flüchtige" Tier schoss – welche Überraschung, als auch dieses Kaninchen lag!

So hatte ich nun meine erste richtige Jagdbeute! Ob das Vorgehen so mit dem auf der anderen Seite des Knicks laufenden Vater abgesprochen war, habe ich nie erfahren. Jedenfalls hatte ich drei Kaninchen mit drei Schüssen – wäre es doch so geblieben!

Doch hatte ich nun meine ganz besondere Jägerprüfung bestanden und konnte fortan dabei sein, wann immer es zeitlich möglich war. Irgendwer lieh mir meistens eine Flinte. Keiner fragte nach dem Jagdschein. So waren eben damals manchenorts die Bräuche.

Im Nachhinein ist aber zu bemerken: Mit diesen jagdlichen Anfängen habe ich die Jagd auf Niederwild früh lieben und schätzen gelernt. Noch immer spüre ich Unruhe, wenn der Herbstwind über das Stoppelfeld weht.

Es kam das Abitur, das Studium, der Beruf. Diana öffnete mir ihr reiches jagdliches Füllhorn mehr und mehr. Ich sehe voll Freude, es ist immer noch nicht leer!

Kaninchen vom Grill

Einige Jahre nach den ersten drei Kaninchen im Emsland zogen wir in Freundesrunde an den Wochenenden im September/Oktober auf die Jagdhütte, um Kaninchen zu jagen. Schnell waren einige Kaninchen vor dem stöbernden Hund geschossen. Anschließend wurden sie ausgenommen und sofort abgebalgt, während andere ein offenes Feuer vor der Hütte entfachten. Jeder bekam einen Spieß in die Hand und eine Keule oder einen Kaninchenrücken sowie Salz und Pfeffer dazu. Die Bierflasche sollte nicht fehlen, und dann konnte jeder sein Wildbret nach eigenem Geschmack braten.

Meistens waren wir im Anfang so darum bemüht, das Stück rasch gar zu bekommen, dass wir den Braten zu dicht an das Feuer hielten. Außen war er dann schnell schwarz und innen noch roh – aber er schmeckte doch köstlich! Beim zweiten, dritten Stück entwickelten wir mehr Geduld, brieten das Fleisch langsamer und steigerten damit den Genuss. Am flackernden Feuer erklangen hinterher die fröhlichen Lieder von der wunderschönen Lüneburger Heide bis zum freien Wildbretschützen durch den herbstlichen Wald.

Später habe ich es besonders geliebt, mit dem spurlauten Cocker zu zweit oder auch allein auf die huschenden, grauen Flitzer zu stöbern. Meine Frau konnte sie so köstlich zubereiten. Sie schmeckten, ob in Aspik oder als Braten, immer wunderbar.

Dann haben wir sie mit Frettchen gejagt. Zuerst an Knicks und Stubbenwällen, dann im Winter während der ruhenden Spielzeit auf einem Golfplatz. Hier lag zwischen den Bahnen und Greens fast buchstäblich Bau an Bau. Wir hatten meistens ein gutes Schussfeld, trotzdem hat es viele Patronen gekostet, bis wir schnell genug waren und trafen, bevor die grauen Schatten schon wieder im nächsten Bau verschwunden waren. Aber das sind alles längst vergangene Zeiten.

Es mutet heute fast wie ein Märchen an, wenn ich durch den „leeren" Wald streife und mich daran erinnere, dass ich genau hier vor Jahren manchmal in einer halben Stunde zehn Kaninchen geschossen und damit das absolute häusliche Limit erreicht hatte. Heute gibt es leider in unserem Raum keine Kaninchen mehr. Sie sind Opfer von Myxomatose und Chinaseuche geworden. So bleiben im Augenblick nur die Erinnerung und die Hoffnung, dass sie sich vielleicht eines nicht zu fernen Tages doch noch wieder einfinden werden.

Okuli – da kommen die Schnepfen

Früher begann für uns das Jagdjahr faktisch mit dem Schnepfenstrich. Doch seit Ende der 1970er Jahre ist Jagd auf die Frühjahrsschnepfe in Deutschland verboten. Heute gibt es hier nur noch eine Jagdzeit im Herbst. Aber die hat natürlich nicht den unvergleichlichen Reiz der Frühjahrsjagd. Jäger bekommen hier die Auswirkungen einer geschickt operierenden Lobby von selbst ernannten Natur- oder Vogelschützern im Verein mit Jagdgegnern und manchen Politikern zu spüren. Um Wählerstimmen besorgte Parlamentarier haben schließlich das Verbot wohl aus opportunistischen Gründen durchgesetzt, ohne dass ein echter wissenschaftlicher Beweis für den behaupteten Rückgang der Waldschnepfe als Folge der Frühjahrsjagd jemals erbracht worden wäre.

Es wurde im Gegenteil von wissenschaftlicher Seite mehrfach überzeugend dargelegt, dass vor allem die ökologische Beschaffenheit der Biotope in den Bruträumen und in den Überwinterungsgebieten, nicht aber der Jagddruck, für die Höhe der Schnepfenbestände ausschlaggebend ist. Gefahr liegt z. B. in ausgedehnten Entwässerungsmaßnahmen und anderen landwirtschaftlichen Aktivitäten, die das Nahrungsangebot qualitativ und quantitativ beeinträchtigen. Ob das für die Schnepfe gegenwärtig bereits zutrifft, ist aufgrund ihres tatsächlichen Vorkommens allerdings durchaus zu bezweifeln.

Außerdem kann es als erwiesen gelten, dass der jagdbedingte Ausfall einiger Männchen keine Auswirkungen auf die Reproduktion hat, da Schnepfen polygam sind und Abgänge in aller Regel durch die sogenannte „Stand-by-Population" schnell wieder aufgefüllt werden. Selbst bei den seltenen Doubletten wurden nicht immer Pärchen zur Strecke gebracht – oft jagten sich auch zwei (seltener drei) männliche Vögel. Die Weibchen sitzen auf der Erde, senden von dort aus Balzsignale in den abendlichen Himmel. Die vorbeistreichenden Männchen hören die Laute und reagieren in der gewünschten Weise, indem sie einfallen und sich der Partnerin widmen. Nach der Begattung nimmt sich das Männchen wieder auf und begibt sich auf erneute Suche. Die wenigen abschussbedingten Ausfälle werden deshalb schnell wieder aufgefüllt.

Damit bestand tatsächlich kein begründeter Anlass zum Verbot der Frühjahrsjagd, aber es ist natürlich trotzdem verbindlich und in Deutschland zu beachten.

Wenn man also heute nicht in das östliche Ausland reisen will, bleibt nur die Erinnerung an ein ganz besonderes Frühjahrserlebnis, an eine jagdliche Faszination mit ganz besonderem und ganz spezifischem Reiz. Erinnern wir uns noch an den Vers, den wir schon früh im Schlaf beherrschten?

„Invocavit – nimm den Hund mit.*
Reminiscere – putzt die Gewehre,
Okuli – da kommen sie.
Laetare – das ist das Wahre,
Judica – sind sie auch noch da.
Quasi modo geniti – halt, Jäger, halt, jetzt brüten sie.“

Alles ist in diesen Zeilen zusammengefasst. Zuerst das sehnsuchtsvolle Warten auf die Rückkehr der Vögel mit dem langen Gesicht. Wie man nach den ersten Anzeichen des Frühlings wie Schneeglöckchen im Garten, Lerchensporn und Buschwindröschen im Wald oder nach den Staren und Bachstelzen Ausschau hält, so streift man schon einmal erwartungsvoll durch den Frühlingswald. Vielleicht liegen noch Schneereste auf dem Laub, aber man lässt den Hund suchen, nein, er findet keine, es ist noch zu früh. Man kehrt zurück, holt die Flinte aus dem Schrank, schaut durch die Läufe und stellt sie wieder weg.

Dann kommt vielleicht der Anruf des Freundes, man habe die erste gesehen. Und so beginnt das Jahr des Jägers – bis er sich zu Quasi modo geniti selbst Enthaltsamkeit verordnete, lange bevor es die Schonzeitregelungen des Jagdgesetzes gab. Jetzt brüten sie.

Es wurden in unseren Breiten nie viele Schnepfen im Frühjahr geschossen – ein, zwei, mehr waren eigentlich schon als unbescheiden verpönt. Es ging nicht so sehr um die Beute, sondern vor allem um das Erleben des erwachenden Jahres im Wald.

Meine erste Schnepfe schoss ich über einer Kiefernkultur. Sie kam früh, buchstäblich noch aus dem Rot der gerade untergehenden Sonne. Die

* Invocavit = erster Sonntag in der Fastenzeit; Reminiscere, Oculi, Laetare und Judica sind die übrigen Fastensonntage bis zum Palmsonntag; Quasi modo geniti ist der erste Sonntag nach Ostern.

Lang erwartete Frühlingsboten sind heimgekehrt.

Drosseln hatten noch nicht aufgehört zu singen. Als erste eigene Flinte führte ich damals eine Hahnflinte – Cockerill, Kaliber 16/65. Sie hatte einen englischen Schaft. Die Rostnarben an beiden Läufen machten deutlich, wo sie das Kriegsende und die ersten Nachkriegsjahre überstanden hatte.

Die Schnepfe fiel in die Kultur. Das Abstürzen war kein plötzliches Schwenken im Flug, nein, das war ein Fallen im Schuss. Ich fand den Vogel nicht. Fern von zu Haus fehlte mir der Hund. Die Dämmerung setzte immer stärker ein, die Sichtverhältnisse wurden immer schlechter, schließlich tastete ich den Waldboden mit den Händen ab – vergeblich, ich konnte die Schnepfe nicht finden.

So blieb mir schließlich nichts anderes, als es am nächsten Morgen bei Licht noch einmal zu versuchen. Und da fand ich sie auf Anhieb. Ich hatte nach einer unruhigen Nacht meine erste Schnepfe in der Hand, entnahm ihr die Malerfedern und steckte sie mir voll Stolz an den Hut.

Von da an kam kein Frühjahr, in dem ich nicht die Bachstelzen als Weiser voll Sehnsucht erwartete. Gleichzeitig bedeckt sich der Waldboden mit dem ersten zarten Grün. Je nach Standort sind es verschiedene Pflanzen, riecht das vermodernde Laub unterschiedlich. Moor und Bruch duften ganz anders als die nährstoffreichen Eschen-Erlen-Hasel-Standorte mit ihrem Teppich aus Buschwindröschen und Lerchensporn oder die fruchtbaren, feuchten Kalkstandorte mit Buschwindröschen und den blauen Sternen der Leberblümchen.

Aber immer saugt man zugleich auch den Duft des frischen Bodens geradezu förmlich in die Lungen, während man den Tönen des Abends und der aufziehenden Dämmerung lauscht. Die Drosseln singen. Man steht wohl 30, 40 Schritt vom nächsten Bestandesrand entfernt in einem Jungwuchs oder an einer anderen Stelle mit guter Sicht nach verschiedenen Seiten und hat das Altholz im Rücken.

Möglicherweise steht man auch auf einer kleinen Freifläche im Moor und sieht dann plötzlich den ersehnten gaukelnden Schatten angehuscht kommen – oder auch nur einen dunklen Strich über den Baumkronen. Nur selten wird man die erste Schnepfe schon von Weitem mit dem charakteristischen Puitzen und Quorren hören können. Später hört man sie an windstillen Abenden dagegen oft lang bevor man sie erblicken kann.

Bisweilen hört man sie zwar, aber kann sie nicht entdecken. Es gibt da keine Regel, aber natürlich steigert es den Reiz, wenn man sie zuerst kommen hört, auch die Richtung, aus der sie sich nähert, rechtzeitig erfasst und sie schließlich in Schussentfernung entdeckt. Selbst wenn man älter wird und die hohen Töne des Puitzens kaum noch oder auch gar nicht mehr hören kann, bleibt das elektrisierende tiefe Quorren.

Sie fliegen bei jedem Wetter – oder auch nicht. Man muss nur draußen sein. Sie kommen an milden, stillen Abenden, sie kommen bei Wind und Wetter, sie fliegen bei Sturm und Regen, im Schneetreiben, wann immer sie wollen. Oder sie kommen eben nicht. Ich habe an einem Abend mit hoher Wahrscheinlichkeit fünf verschiedene Schnepfen streichen sehen. An derselben Stelle kam am nächsten Abend bei völlig gleichen Witterungsbedingungen nicht ein einziger Vogel. Am dritten Tag waren es dann immerhin noch zwei! Für den Jäger ist es an den milden, windstillen Frühlingsabenden sicherlich am angenehmsten. Doch habe ich immer auch die Abende mit leichtem Nieselregen und Dunst an den Altholzrändern besonders geschätzt. Dagegen hätte ich auf die kalten, windigen Abende mit Graupelschauern gern verzichtet und bin trotzdem auch bei solchem Wetter draußen gewesen.

Hat es schließlich geknallt, und hat man dann die Gewissheit oder doch zumindest das Gefühl, getroffen zu haben, lässt die Spannung kaum nach. Man lauscht den Geräuschen des suchenden Hundes, hört ihn vielleicht im Wasser herumplanschen, vernimmt das Hecheln, hört schließlich gar nichts mehr. Sehen kann man bei der hohen Vegetation und der Dunkelheit ohnehin kaum etwas oder nur sehr selten. Und oft sind die Schnepfen nicht einfach zu finden. Der Hund kommt auch wohl gelegentlich unverrichteter Dinge zurück, obwohl man sicher weiß, die Schnepfe liegt, also ist sie auch zu finden. Dann heißt es immer wieder aufs Neue: „Such, apport, mein Hund“. Schließlich kommt irgendwann der erlösende Moment, das Aufatmen, wenn man den Hund zurückkommen hört und klar erkennt, dass er nicht mehr hechelt, er hat die Schnepfe im Fang! Das Herz macht einen Hüpfer, und schon ist der zuverlässige Helfer heran, übergibt den Vogel mit dem langen Gesicht: Man hat seinen Schnepf und stapft nun vergnügt und fröhlich zum Auto.

Die letzten Frühjahrsschnepfen

Die letzten beiden Schnepfen schoss ich als Doublette an einem nahezu windstillen Abend. Ich stand auf einer kleinen Blöße in einem Birken-Kiefern-Bruch mit hohen Schilfpartien. Es wurde dämmeriger – dann plötzlich, zwischen den Wipfeln der niedrigen Kiefern ein Huschen, und schon lag die Flinte am Kopf. Aber nein, diesmal war es eine Schwarzdrossel, die ihr Lied beendet hatte und sich nun zur Nachtruhe in die dichte Krone des Nadelbaumes zurückzog.

Doch dann waren die beiden großen Vögel zwischen den Birken auf der Ostseite der kleinen Schilfpartie gegen den Himmel nicht zu übersehen. Stiegen auf, strichen über die nächste Kiefer hinweg, um sich danach schnell wieder fallen zu lassen. Beim erneuten Aufsteigen fiel der erste Schuss und die hintere Schnepfe klar sichtbar in das Schilf. Nach dem zweiten Schuss war auch von der anderen Schnepfe nichts mehr zu sehen. Sie wurde von den dunklen Silhouetten der Kiefern verschluckt, als der Knall des Schusses verhallte. Getroffen? Ich war nicht sicher.

Da ich im Gegensatz zur zweiten bei der ersten Schnepfe ziemlich sicher wusste, wo sie lag, ließ ich die Wachtelhündin Anke zuerst die zuletzt beschossene suchen. Sie kam nach einiger Zeit hechelnd zurück, also ohne Beute. So schickte ich sie abermals in dieselbe Richtung. Sehen konnte ich den Hund in diesem Übergang von Dämmerung zu Dunkelheit schon nach wenigen Metern nicht mehr. Aber ich hörte das Platschen im Wasser und das Rascheln im Schilf. Dann vernahm ich vorübergehend gar nichts mehr, bis nach einer schier endlosen Zeit erneut Geräusche des zurückkehrenden Hundes zu hören waren. Angespannt lauschte ich auf das Hecheln, aber davon war diesmal nichts zu vernehmen, nur das Platschen und Rascheln. Sollte der Hund die Schnepfe gefunden haben? Sollte die erhoffte Doublette wirklich Realität sein? Tatsächlich, da saß der Hund in der beginnenden Dunkelheit vor mir und hielt den Vogel im Fang. Von seiner herrlichen braun gestreiften Färbung war natürlich nichts mehr zu erkennen, eigentlich war nur ein ziemlich unförmiges Gebilde sichtbar, aber beim Kommando „Aus!" lag die Schnepfe so wunderbar weich in meiner Hand. Nach einem kurzen Lob wurde der Hund nun erneut eingewiesen, die zuerst beschossene Schnepfe zu suchen. Da hier die Richtung eindeutig feststand, dauerte es nur kurze Zeit, bis ich auch diesen Vogel entgegennehmen konnte.

Zufrieden und fröhlich stapften und tasteten sich Jäger und Hund in völliger Dunkelheit durch Schilf, über zugewachsene Torfbänke, durch Birken- und Weidengestrüpp. Es war schwierig, den schmalen Pfad zu halten, aber wir gelangten doch trocknen Fußes zurück zum Auto. Wir hatten wieder einmal den Frühling kommen sehen, ihn im Moor gerochen und ihn schließlich in Gestalt der beiden Schnepfen ganz konkret in die Hand genommen.

Aber dies alles gab es seither nicht mehr. Gemeinsam mit meinem alten Freund H. W. L. bin ich auch in den folgenden Jahren trotzdem in unser Moor gegangen. Wir haben wie in früheren Zeiten auf unseren Ständen gewartet, dass die dunklen Schatten zwischen den Kiefern und Birken auftauchten. Wir haben darauf gewartet, das charakteristische, nasal stechende Puitzen und das tiefe Quorren zu hören. Und während wir warteten, nahmen wir alles andere Geschehen mit Nase, Ohren und Augen in uns auf – rochen vor allem immer wieder den Frühling im Moor, hörten ihn im Gesang der Drossel und sahen ihn in der streichenden Schnepfe. Der äußere Rahmen war stets wie vor 1978, aber die innere Spannung, der Reiz waren verloren.

Was bleibt, ist die Erinnerung. Wie treffend hat doch Saint Exupéry die Erinnerung als das Paradies bezeichnet, aus dem uns niemand vertreiben kann! Aber es bleibt auch die Frage, ob die Jäger und ihre jagdlichen Organisationen aus dem rein politisch begründeten Verbot der Jagd auf die Frühjahrsschnepfe eigentlich gelernt haben, wie in unseren gesellschaftlichen Strukturen Demokratie gehandhabt wird?

Tauben – in Wald und Feld und an der Viehtränke

Die ersten Tauben habe ich als Pennäler im Emsland beim Stokeln geschossen, wenn sie zufällig in Reichweite vorbeigestrichen kamen. Später versuchte ich, Tauben im Wald mit dem Ruf anzulocken oder sie – als den berühmten Hahn des kleinen Mannes – anzuspringen und mit dem Kleinkaliber zu schießen. Es war dann immer ziemlich schwer errungene, jedoch spärliche Beute.

Schließlich kam die Zeit, in der es mehr Freude machte, die fliegenden Tauben aus der Luft zu holen als sitzende mit der Kugel zu schießen. Es blieben jedoch lange Jahre mit relativ spärlicher Beute, meistens

Anke fand jede Schnepfe

Tauben – der Auerhahn des kleinen Mannes

Zufallsergebnisse, sozusagen Beifang, wenn ich in der Gruppe oder allein eigentlich um anderer Ziele willen mit der Flinte in der Hand unterwegs war.

Doch dann entdeckte ich eines Morgens im August eher zufällig, dass Tauben eine Viehtränke auf den Weiden am Waldrand zum Schöpfen benutzten. In der Feistzeit saß ich an der Waldkante auf dem Hochsitz, um Hirsche abzufangen, wenn sie von den Koppeln mit dem beginnenden Tageslicht wieder zurück in ihre Tageseinstände zogen.

Es hatte diesmal allerdings wieder nicht geklappt. Ich hatte kein Stück Rotwild gesehen. Die Hirsche waren wohl schon früh an einer weit entfernten Stelle zu Holze gezogen.

Doch ich blieb sitzen und hoffte, vielleicht noch einen Bock oder irgendetwas anderes Sehenswertes beobachten zu können. So saß ich und träumte in den Tag, bis meine Aufmerksamkeit von immer wieder einfallenden Tauben in Anspruch genommen wurde. Sie ließen sich in einiger Entfernung auf Koppelpfählen und in einer alten Eichenallee außerhalb der Weiden nieder. Neue kamen, andere strichen wieder ab. Es war auffallend, aber ich fand zunächst keine Erklärung. Trotzdem kümmerte ich mich nach Beendigung des Ansitzes nicht weiter um diese Taubenbeobachtung.

Nach Tagen saß ich wieder morgens der Hirsche wegen auf derselben Kanzel. Wieder fielen mir die an- und abstreichenden Tauben auf. Am späten Vormittag ging ich der Sache nach, vertauschte Büchse gegen Flinte, nahm den Hund mit und pirschte in Deckung der Alteichen zum Ort des Geschehens. Beim Näherkommen strichen mehrere Tauben aus den Eichenkronen ab – es ging so schnell, dass ich nicht einen Schuss loswurde.

Inzwischen hatte die Kuhherde mich und meine Wachtelhündin Anke bemerkt und kam muhend und schnaubend auf uns zugezogen. Die Situation wäre eine herrliche Vorlage für den humoristischen Jagdmaler Geilfuß gewesen: Der Jäger versucht, sich in Deckung der Weidepfähle möglichst unauffällig den Tauben zu nähern, der Hund schleicht neben ihm her, doch werden beide den Vögeln schon auf weite Entfernung durch das Verhalten der Rinder auf der anderen Seite des Zaunes angekündigt. Trotzdem kamen wir voran und ließen dabei die Tiere blasen und schnauben. Ich schaute genauer hin und stellte mit gewisser Erleichterung fest, dass es sich hier tatsächlich um Kühe, nicht um Bullen handelte. Ach, die sollten eigentlich nicht weiter stören.

Von diesen Erinnerungen begleitet, erreichte ich bei meiner Taubenjagd schließlich, gefolgt von dem buhenden Geschwader, die Zaunecke und fand des Pudels Kern: Das Wasser in den großen Trögen der Viehtränke war die Erklärung für das ständige Einfallen der Tauben. Die überall reichlich verteilten Federn sprachen eine klare Botschaft. Durch die schon relativ lange anhaltende Trockenheit waren die Pfützen auf den Wegen und viele der sonstigen Wasserstellen ausgetrocknet und konnten höchstens noch dem Rotwild und den Sauen als Suhlen dienen. Die Tauben fanden sonst nirgends Wasser und waren deshalb gezwungen, hier zum Schöpfen zu erscheinen. Hier musste sich also tagsüber ein Ansitz auf Tauben lohnen, wenn ich nur ein wenig Deckung hätte. Aber konnte ich hier mit Schrot schießen? Das Rotwild sollte die Knallerei eigentlich nicht stören – die Einstände lagen weit genug entfernt. Das Problem blieben die Kühe, aber wenn man vorsichtig war …

So machte ich am folgenden Tag um die Mittagszeit die Probe. Das Loch eines Windwurfstubbens und der noch ziemlich senkrecht stehende Wurzelteller gaben Deckung, und so harrten Herr und Hund bei warmem Sonnenschein der Tauben, die da kommen sollten. Es war ein idyllischer Platz: Nach Süden als Grenze zwischen Weide und Wald die erwähnte Eichenallee, dann die Tränke mit den verschiedenen Ricks zum Versperren der Zu- und Ausgänge der westlichen und nordwestlichen Koppeln.

Zwischen den Alleebäumen hatte man einen weiten Blick in die schöne Landschaft.

Ich brauchte nicht lange zu warten, bis die erste Taube kam, sofort in einem Trog verschwand und nur ab und an einmal mit dem Kopf über den Rand hinausschaute. Während ich sie beobachtete, übersah ich die zweite, die genauso schnell an der Wasserstelle verschwand.

Bei der dritten klappte es. Ich sah sie von Weitem kommen und schoss, als sie breit an mir vorbeiflog. Die Entfernung betrug ideale 25–30 Schritt, es war alles optimal und deshalb eigentlich kein Wunder, dass die Taube aus dem blauen Himmel fiel. Einige Federn trieben noch in der leichten Luftbewegung in östlicher Richtung, als der Hund den Vogel schon brachte. Ich brauchte nicht lange zu warten, bis die nächsten Tauben kamen. Dann kamen aber auch die Rinder. Es waren 40–50 Stück. Als sie noch etwa 50–60 Meter von der Tränke entfernt auf der offenen Weide waren, kamen zwei Tauben. Schießen? Wird das Vieh scheuen und in die Koppelzäune stürmen? Ich wagte nicht zu schießen. Die Tauben fielen an der Tränke ein, das Vieh gesellte sich dazu. Es kamen neue Tauben – ich scheute das Risiko und schoss nicht.

Schließlich hatten die meisten Rinder ihren Durst gestillt und begannen, sich auf die Weide zurückzuziehen. Die nächste Taube strich heran, flog genau über die Rinder auf mich zu. Immer noch in Sorge vor einer möglichen Panik ließ ich sie über mich hinwegstreichen und schoss hinterher – gleich doppelläufig vorbei. Aber entscheidender war die Tatsache, dass die Tiere auf die Schüsse überhaupt nicht reagiert hatten. Dies ließ mich beim nächsten Taubenanflug frei und ungehemmt schießen. Ich wusste ja jetzt, das Knallen von Schrotschüssen erschreckte sie nicht.

Schon beim nächsten Mal klappte das Arrangement mit den Rindern besser: Sobald sie mich anpirschen sahen, kamen sie herbei, glotzten dicht gedrängt zum Hund und zu mir herüber, um sich bald danach wieder dem saftigen Weidegras zu widmen oder sich irgendwo im Schatten der Eichen zur Ruhe zu begeben. Trotzdem schoss es sich besser, wenn die Rinder weiter entfernt waren. Leider versiegte diese schöne Quelle schlagartig, als der Weizen gemäht war und Regen die überall verteilten Schöpfstellen wieder aufgefüllt hatte.

Tauben im Weizenfeld

Später gab es unvergessliche Taubenjagden auf den heimischen Weizen- und Stoppelfeldern. Ich musste nur beobachten, wo die Tauben bevorzugt einfielen, einen Schirm bauen und die Locktauben unter Beachtung von Windrichtung und Sonnenstand aufstellen.

Meist dauerte es nicht lange, bis ich die ersten anstreichenden Tauben erlegt hatte. Sie wurden zusätzlich ausgesetzt, und schnell huschte man wieder in seine Deckung. Wie habe ich diese Spätsommer-Tage mit dem besonderen Licht und dem Duft des noch reifenden Getreides oder der eben abgeernteten Schläge genossen! Das Bild des nach dem Schuss manchmal für einen Augenblick geradezu in der Luft stehenden Federwölkchens, das dann allmählich sich erweiternd davontrieb, bleibt in lebendiger Erinnerung.

Des Öfteren kam es natürlich auch zu Nachsuchen, wenn die beschossene Taube weiterstrich, um schließlich – manchmal meilenweit entfernt, doch gerade noch in Sichtweite – niederzugehen.

Dann musste ich auch wieder manche Taube, die wie ein Stein aus dem Himmel fiel, aber gelaufen war, unter Umständen weit bis in die angrenzenden Rübenschläge nachsuchen. Aber immer war es in solchen Fällen ein besonders freudiger Augenblick, wenn die Hunde mit dem grauen Vogel im Fang schließlich wieder vor mir auftauchten.

Eine Ringeltaube im Weizenstoppel

Enten – immer wieder Enten

Jugenderinnerungen – Entenstrich auf Stoppelfeldern

Die ersten Enten, deren Erlegung ich bewusst miterlebte, schoss mein Vater während eines Heimaturlaubs im Kriege, als sie von einem kleinen, mit Erlen umstandenen Tümpel aufstanden. Es waren zwei herrlich gefärbte Erpel – ich sehe noch die grauen Seitenfedern, das Dunkelgrün des Kopfes und die orangeroten Ruder vor mir. Ich war noch ein kleiner Junge, aber sehr stolz, die beiden Vögel nach Hause tragen zu dürfen. Viele Jahre später schoss ich selbst Enten. Die ersten fielen beim Absuchen von Gräben und Bächen, aufstehende Enten, die ich von hinten beschoss. Eigentlich wurden es damit sogenannte Klistier-Enten, aber ich freute mich ja, dass ich überhaupt traf. Anspruchsvoller war der Abendstrich auf den eben gemähten Gersten- oder auf den Stoppelfeldern.

Damals begann die Jagdzeit auf Enten noch am 1. August. Das Getreide stand zu diesem Zeitpunkt teilweise noch auf dem Halm oder wurde gerade mit Mähbindern gemäht. Die einzelnen Garben wurden danach in Stiegen oder Hocken zum Trocknen aufgestellt. Nachdem das Getreide schließlich eingefahren war, blieben die Stoppel noch längere Zeit unbearbeitet stehen. Der Tisch war damit für die Enten reichlich gedeckt.

Abends kamen dann die Enten auf diese Schläge, um ihren Hunger zu stillen. Am besten wurden die Gerstenschläge angenommen. Gerste war so bevorzugt, dass man sich an kein anderes Getreidefeld zu setzen brauchte, solange noch irgendwo Gerste zu finden war.

Die Jagd war am aussichtsreichsten, solange die Hocken noch standen. Fünf bis sechs Schützen saßen dann, gut getarnt, in der Deckung des trocknenden Getreides, hatten die Flinten wohl meistens quer auf den Knien liegen und warteten bei beginnender Dämmerung auf den Anflug. Manchmal passierte gar nichts – vielleicht waren die Vögel am Tage gestört worden oder sie zogen gerade an dem betreffenden Abend in eine andere Gegend – man wusste es nicht.

Aber dann verlief alles auch wieder ganz programmgemäß. Meistens kam oder kamen zuerst der oder die Kundschafter. Sie strichen in sicherer Höhe ein, zwei Runden über dem Zielgebiet und verschwanden dann wieder in die Richtung, aus der sie gekommen waren. Man durfte auf sie keinesfalls schießen. Einerseits waren sie sowieso viel zu hoch, andererseits würden dann mit Sicherheit den ganzen Abend über keine weiteren Enten mehr kommen. So hieß es: Kopf einziehen, sobald man sie am Horizont auftauchen sah, sich ganz klein machen und nicht rühren, bis sie wieder abdrehten.

Danach wurde es richtig spannend. Man versuchte, sich noch kleiner zu machen, noch tiefer in der Hocke zu verschwinden oder im Schirm das Stroh noch besser zurechtzurücken. Man hatte ja gelernt: „Auch die Ente hat auf jeder Feder ein Auge." Endlich sah man das erste Schof heranklingeln. Wo würden sie tiefer gehen, wo einfallen?

Wie oft war einem gesagt worden: „Lass sie kommen, bloß nicht auf zu große Entfernung schießen! Nicht schießen, wenn sie noch zu hoch sind, niemals mit dem ersten Schuss hinterher schießen; einfallen lassen und dann auf die aufstehenden Enten schießen." Der junge Jäger kennt das alles, weiß auch theoretisch um das Vorhaltemaß und dergleichen Dinge mehr. Allein das jugendliche Temperament scheint manches im entscheidenden Augenblick doch wieder vergessen zu lassen: Wenn ein Schof genau auf einen zukommt – warten, warten, so, nun, Flinte hoch, mitschwingen und überholen … und doch passiert es, dass man zweimal vorbeischießt und einem selbst klar wird: zu früh geschossen, nicht lange genug gewartet, gegen eine der wichtigsten Regeln gemeinschaftlichen Jagens verstoßen. Peinlich, mehr als peinlich.

Als Trost bleibt in solchen Augenblicken vielleicht die Beobachtung, dass dieses Schof nur aus sieben Enten bestand, dass es noch früh ist und dass sicherlich mehr Enten nachfolgen werden. Man lebt richtig auf, wenn sich solche Hoffnungen und Wünsche wenig später tatsächlich zu erfüllen beginnen und neue Schofe am Horizont auftauchen, dem Nachbarn und dem Gegenüber schussgerecht kommen und man nicht nur deren Schüsse hört, sondern bei ihnen zugleich auch Enten aus dem Himmel fallen sieht.

Aber es wird an solchen Abenden schnell dunkel, dann sieht man die Enten bald nicht mehr auf größere Distanz, verliert auch die Nachbarn aus den Augen. Umso stärker schaltet sich dann das Ohr als Wahrnehmungsorgan in das Geschehen ein. Man versucht, die anstreichenden Enten zu hören, um dann gespannt in die vermutete Richtung zu blicken, die heransausende Silhouette rechtzeitig zu erfassen und im richtigen Augenblick zu schießen. Allerdings funktioniert das leidlich nur so lange, wie man selbst wirklich gut hört. Wenn mit zunehmendem Alter die Hörfähigkeit abnimmt, ist es viel besser, den neben sich sitzenden Hund im Auge zu behalten und sich nach seinen Kopfbewegungen zu richten. Erfahrene Hunde hören Schnepfen wie Enten viel eher als ein Mensch und weisen die Richtung, aus der die Vögel kommen. Aber auch bei Verwendung solcher „Hilfsmittel" geht der spannendste Entenstrich meistens viel zu schnell zu Ende – man hört sie noch, kann aber nichts mehr sehen. Dann ist es Zeit, die Hunde apportieren zu lassen, sich daran besonders zu freuen, wenn sie plötzlich noch mit einer Ente kommen, die man selbst gar nicht mehr fallen sah!

Leider kann man solche Abende nur sehr selten wiederholen. Die Enten merken zu schnell, welche Gerstenschläge für sie gefährlich sind, und ziehen daraus die entsprechenden Konsequenzen. Bei Ausweichmöglichkeiten kommen sie schnell überhaupt nicht mehr oder sie kreisen wiederholt sehr hoch mehrmals über das Feld, um sich dann wie Steine aus dem Himmel fallen zu lassen. Da gibt es dann höchstens einmal eine Chance auf den einen oder anderen Nachzügler – aber richtig gut ist es eigentlich immer nur am ersten und manchmal auch am zweiten Abend, zwei oder drei Tage später.

Dennoch haben diese Stunden auf den Getreideschlägen der nun schon lange zurückliegenden Jugend stets so unendlich viel Freude gemacht. Sie fordern den Jäger und lassen den Enten zugleich große Chancen. Aber leider gehört diese Art der Entenjagd längst der Vergangenheit an. Seit Einführung der Mähdrescher gibt es keine Stiegen mehr. Außerdem wurde inzwischen der Beginn der Jagdzeit auf den 1. September zurückverlegt. Dann gibt es auch keine Stoppelfelder mehr.

Enten an der Nordseeküste

Wir konnten damals noch mit dem Wattenschein frei jagen. Diese Zeit liegt lange zurück. Die Seehunde hatten Jagdzeit, Enten waren frei, es gab noch keine Nationalparke. Über Jahre hatte ich meinen Wattenschein und nutzte die Gelegenheit, so oft das zeitlich möglich war. Manchmal waren ein oder zwei Freunde als Jäger oder auch meine Frau als Zuschauerin mit von der Partie.

An einem stürmischen, wolkigen und deswegen verheißungsvollen Herbsttag fuhr ich mit zwei Freunden, K. D. und M. K., an den Südzipfel des Jadebusens. Auch dieses Gebiet war damals noch für die Wattenjagd frei. Es war schon ziemlich spät im Herbst. Wir hatten uns weit voneinander entfernt hinter Schlengen an der Wattkante in Deckung begeben. So warteten wir mit Blick auf das vor uns liegende Watt und das auflaufende Wasser auf das zeitliche Zusammentreffen von Hochwasser und Abendstrich.

Hinter uns hatte man im Deichvorland nach der Sturmflut vom Februar 1962 zur Erhöhung der Deiche aus großen Spülfeldern Schlick gewonnen. Dabei waren Kolke entstanden, die nun bei nahezu jeder Flut überspült und langsam wieder aufgefüllt wurden. Sie boten den Enten ideale Ruhezonen. Schon am Nachmittag hatte ich beim Angehen an einer solchen Stelle einen Stockerpel geschossen. Er war auf festen Schlick gefallen, so dass das Bergen auch ohne Hund keinerlei Mühe gemacht hatte. Hier saß ich bei entsprechender Deckung bis zur Dunkelheit also genau richtig, zumal der Heimweg auf dem Vordeich sicher war.

Ich wartete bei schwindendem Licht einige Zeit, aber es kam nichts mehr. So packte ich schließlich meine Utensilien zusammen und machte mich mit der Flinte in der Hand – man konnte ja nie wissen – auf den Heimweg. Ich war schon etwas gelaufen, als ich aus Richtung der Freunde Schüsse und kurz danach auch das Paaken der Enten hörte. Die Jagdtasche mit der bisherigen Beute rutschte von der Schulter, die Flinte im Halbanschlag, versuchte ich, mit den Augen das Dunkel zu durchdringen – dann erkannte ich die Schatten, drei, vier Stück – alles „Dicke", d.h. Stockenten. Im nächsten Moment knallte es, nur ein Schuss – für den zweiten reichte das Licht nicht mehr –, aber ich hörte eine Ente mit deutlichem Klatschen nahe am Ufer in den Schlick fallen.

Einen Hund hatte ich nicht dabei. So legte ich die Flinte neben der Jagdtasche ab und stieg in den Schlick, um die letzte Ente zu holen. Sie lag – gerade noch erkennbar – relativ dicht am Ufer, und ich wusste ja vom Nachmittag her, dass der Schlick zwar unter dem Tritt nachgab, aber im Prinzip doch trug. Beim ersten und zweiten Schritt traf das auch zu, aber beim dritten sank ich bis zum Knie ein. Die Ente lag in der Dunkelheit etwa einen Meter vor mir, mehr zu ahnen als zu sehen. Schmutzig und schlammig war das Bein jetzt ohnehin, also setzte ich mit etwas Mühe das andere Bein vor und sackte dabei mit dem ersten noch tiefer ein. Nun verlagerte ich das Körpergewicht weiter nach vorn und steckte im selben Augenblick auch schon bis zum Schritt im Schlamm. Doch konnte ich die Ente nun erreichen und warf sie in Richtung der Jagdtasche auf das feste Land. Das war erst einmal geschafft.

Der Rückweg gestaltete sich schwierig. Je mehr Befreiungsversuche ich unternahm, umso stärker nahm mich der Schlick gefangen. Ich steckte im Schlick und kam so nicht wieder frei. Der Versuch, die Gummistiefel in dem Schlamm abzustreifen, blieb erfolglos. Ich schaffte es nicht, die Füße aus ihnen herauszuziehen. Der Schlick saugte einfach alles fest. Dabei hatte ich langsam auch das Gefühl, bei diesen Befreiungsversuchen langsam immer tiefer einzusinken. So gab ich das auf, legte mich zur Vergrößerung der Auflagefläche mit dem Oberkörper möglichst weit nach vorn und überlegte, was hier wohl sinnvollerweise zu tun sei.

Das Hochwasser musste längst vorbei sein, so dass von dieser Seite keine Verschlechterung der Lage zu erwarten war. Ein weiteres Einsinken war nicht zu befürchten, wenn ich nur still liegen blieb. Die Freunde mussten eigentlich auf ihrem Rückweg bald bei mir direkt oder zumindest auf Rufweite vorbeikommen. Es dauerte tatsächlich nicht lange, bis ich zuerst die Stimmen in der Dunkelheit hörte und dann gegen den Himmel auch die Gestalten sich nähern sah. Schließlich waren sie nahe genug, ich meldete mich aus meinem Schlammbett – die Freunde meinten hinterher, mein Rufen habe sich angehört, als käme die Stimme aus der Mitte von Nirgendwo. Doch sie entdeckten mich in der Realität meiner durchaus ungewöhnlichen Lage. Dann bildeten die beiden eine Kette: Einer blieb mit beiden Beinen auf dem festen Land, während der andere sich mit einer Hand an der des Freundes festhaltend in meine ersten beiden Fußstapfen stieg und mit der freien Hand versuchte, meine ausgestreckte Rechte zu erreichen. Das gelang gerade noch. Doch als der an Land stehende Freund M. begann, kräftig zu ziehen, drohte auch der als Bindeglied fungierende Freund K. zu versinken. So ging es also nicht.

Immerhin konnte der „Mittelmann" relativ einfach wieder auf festen Boden gelangen. Wir überlegten. Beide Freunde mussten auf dem Land stehen, um mich irgendwie herauszuziehen. Aber womit? Seile hatten wir nicht. Als Ersatz knoteten die Freunde schließlich alle drei Gewehrriemen aneinander. Die Länge reichte – es war *die* Lösung des Problems. Sie warfen mir ein Ende zu. Ich bekam es zu fassen, wickelte es um meine Hände, und dann begannen beide zu ziehen. Lederriemen haben ganz offensichtlich eine hohe Reißfestigkeit, die Freunde waren im besten und kräftigsten Mannesalter, ich selbst half mit Strampeln der Füße und robbenartigen Bewegungen des Oberkörpers kräftig mit. Aber es ging erst dann richtig vorwärts, als ich die im Schlamm festgesaugten Gummistiefel mit Mühe doch noch von den Füßen abgestreift hatte. Sie stecken dort noch heute, sicher metertief und wohlerhalten, im Schlamm. Vielleicht werden sie in ferner Zukunft zur Freude eifriger Archäologen bei irgendwelchen Grabungen wieder auftauchen!

Ich selbst war jedenfalls sehr froh, als ich schließlich neben den beiden Freunden wieder auf festem Boden stand. An mir klebte überall fetter, klebriger Schlick. So konnte ich nicht in das Auto steigen. Das wäre nie wieder sauber geworden. Also gingen wir zunächst zu dem am Deich abgestellten Wagen. Dort entblätterte ich mich trotz der niedrigen Temperaturen bis auf die selbst in der Dunkelheit als schwarz erkennbare Unterhose, bekam einen sauberen Poncho übergestreift – und fror erbärmlich.

Der Wagen wurde rasch warm, und so kamen wir eigentlich schon wieder ganz vergnügt nach gut einstündiger Fahrt bei meinen Eltern in Oldenburg an. Das entsetzte Gesicht meiner Mutter steht mir noch heute lebhaft vor Augen, der Vater schmunzelte, als er die ganze Geschichte vernommen hatte. Nach einem ausgiebigen Bad und frisch eingekleidet fühlte ich mich auch bald wieder wohl und der Menschheit zugehörig. Das Reinigen der Flinte nahm viel Zeit in Anspruch, obwohl sie an der

Aktion ja gar nicht direkt beteiligt war. Die Gewehrriemen waren nicht mehr zu verwenden, sie wurden durch neue ersetzt. Die Enten schmeckten hervorragend.

Natürlich machen derartige Geschichten schnell die Runde. Die Reaktion ist in Abhängigkeit von der jagdlichen Erfahrung der Beteiligten sehr unterschiedlich. Während meine eigene Familie das Schlammbad primär nicht viel anders betrachtete als ein ungewolltes Bad in einem kalten See und mich höchstens noch ob meines Vertrauens in die Tragfähigkeit von Schlick verspottete, sahen einige Mitglieder der Familie meiner damaligen Verlobten und späteren Frau, die Sache ernsthaft deutlich anders. So nahm mich der als Oberamtsrichter in Holstein in Ehren ergraute Großvater beiseite, um mich über meine Pflichten als Verlobter aufzuklären. Von da an habe ich meine Liebste, wann immer das möglich war, mit auf die Jagd genommen.

So saßen wir beide einmal bei auflaufendem Wasser ziemlich weit draußen im Watt in einem Horst aus Englischem Schlickgras. Freund K. D. stand an der Wattkante mehrere hundert Meter von uns entfernt. Die Enten strichen ganz schlecht und kamen für einen vernünftigen Schuss nie nahe genug. So vertrieben wir uns die Zeit mit der Beobachtung der zahlreichen Schnepfen- und Watvögel und dem Versuch, meiner Verlobten den Unterschied zwischen einem Alpenstrandläufer und einem Knut beizubringen. Man sah das Wasser langsam näher rücken. Mit ihm kamen die Vögel. So harrten wir darauf, dass schließlich auch die zahlreich weiter draußen dümpelnden Enten nahe genug über unsere gute Deckung streichen würden.

Das Wasser stieg. Nach der Uhr musste bald Hochwasser sein. Es begann um unsere Gummistiefel zu glucksen, Agra stand bald im Wasser. Es war nicht gerade kalt, aber zumindest recht kühl. Wir hatten uns für den Rückweg verschiedene Markierungen genau eingeprägt. Schließlich stand das Wasser so hoch, dass wir – Enten hin oder Enten her – unsere Deckung verlassen mussten. Doch da war inzwischen hinter uns buchstäblich alles „Land unter". Nur unmittelbar an der Wattkante waren die höheren, mit Strandastern bewachsenen Partien noch frei. Unsere Markierungen konnte man nicht mehr erkennen. Beim Versuch, auf direktem Weg zum Deichvorland zu gelangen, wurde schnell offenbar, dass unsere Gummistiefel viel zu kurz und die Priele viel zu tief und zu breit waren.

Wir erörterten die Frage, was wir tun sollten und meine Verlobte folgte mit immer noch bewundernswerter Ruhe und Gelassenheit meinen Ausführungen über mögliche Fluthöhe, Tidenverschiebung zwischen Wilhelmshaven und Emden und vor allem darüber, dass das Wasser eigentlich schon längst gar nicht mehr steigen dürfte! Dass dem allerdings in der Realität nicht so war, ließ sich leicht an den Schäften der Gummistiefel ablesen. Den „höchsten" Punkt hatten wir in dieser flachen Landschaft längst erklommen – inzwischen hielt ich vergeblich Ausschau nach einem Brett oder sonstigen Stück Holz, das in der Flut in erreichbarer Nähe vorbeitrieb und sich zum Draufstellen eignete. Der arme Hund quetschte sich mittlerweile mit eingezogenem Bauch verängstigt zwischen unsere Beine. Es muss schon ein bemerkenswertes Bild gewesen sein, das wir da in der Wasserwüste boten.

Doch schließlich stieg das Wasser nicht mehr weiter an. Die Spannung in uns begann sich zu lösen. Wir dachten wieder an Enten. Dann begann das Wasser zu fallen – zuerst kaum merklich, doch langsam wurden die freien Schäfte unserer Gummistiefel wieder länger, es tauchten die ersten Hügelchen aus dem Nass, Groden wurde sichtbar. Trotzdem verging noch viel Zeit, bis wir trockenen Fußes durch die Priele zum Deich kamen. Erst dort merkten wir, wie lange wir eingeschlossen und vom Land abgeriegelt waren. Jetzt war es zudem richtig kalt. Freund K. bedauerte, keinen Fotoapparat mit sich geführt zu haben. Er hatte sich rechtzeitig zurückgezogen und uns vom sicheren Deich aus die ganze Zeit beobachtet.

Im Hotel gab es warmen Grog. Und der Butt wurde erst nach unserer Rückkehr gebraten.

Enten am Elbdeich

Jahre später wurde ich von einem wohlmeinenden väterlichen Freund zum Entenstrich an die Elbe eingeladen. Die Elbe war damals in diesem Abschnitt Grenzfluss zur DDR. Am westlichen Ufer wird das weite Deichvorland durch Viehweiden, Totarme, Weidenbüsche und zahlreiche sehr alte, als Solitäre erwachsene Stieleichen geprägt.

Beim Blick vom Deich wirkte die ganze Stromlandschaft wie auf einem barocken Gemälde. Das jenseitige Ufer bildete damals die Grenze nach Mecklenburg und das frühere hannoversche Amt Neuhaus. Die Enten lagen tagsüber im Sperrgebiet der DDR-Staatsgrenze am völlig ungestörten östlichen Ufer der Elbe und strichen abends über den Strom, um sich an den fallenden Eicheln des Westens zu laben. Der Freund hatte gesagt, zu Hunderten sollten sie kommen.

Nach einem sehr ausgedehnten Tee begaben sich schließlich drei Jäger in Begleitung meiner Frau im allmählich abnehmenden Tageslicht an die im Deichvorland zwischen den alten Stieleichen mit Bedacht ausgewählten Stände. Es begann zu dämmern. Man konnte die Enten von drüben her hören. Ihre Stimmen wurden mit zunehmender Dämmerung lauter und unruhiger. Aber es dauerte trotzdem noch lange, bis die ersten kamen.

Entenparadies am Elbstrom an der Grenze zur damaligen DDR

Doch dann folgten tatsächlich riesige Schofe. Die erste und die zweite Ente schoss ich bei noch relativ gutem Licht vorbei.

Es ist ja immer und immer wieder dasselbe Problem, wenn viele Tiere gleichzeitig kommen. Man muss schnell entscheiden, auf welches Stück man schießen will und muss dann aber auch dabei bleiben. Die Sache wird jedoch dadurch kompliziert, dass die Tiere ja nicht still stehen bleiben oder in unveränderter Reihenfolge auf demselben Platz fliegen, sondern sich ständig – in meist auch noch rascher Bewegung – verschieben. Hat man sich endlich für ein Stück entschieden, erscheint schon das nächste in vermeintlich besserer Position. Man ist dann automatisch in der Versuchung, umzuschwenken und stellt im nächsten Augenblick fest, dass gerade dieses Stück jetzt nicht frei, sondern durch von hinten schneller vorziehende Tiere gedeckt ist. Also sucht man ein neues Ziel. So kann es passieren, dass das Schof oder die Rotte oder das Rudel auf günstige Entfernung vorbeiziehen, ohne dass man einen einzigen Schuss hat abgeben können. Es ist deswegen eigentlich viel einfacher, wenn nur zwei oder drei Enten oder beim Hochwild beispielsweise nur Alttier und Kalb kommen.

Aber hier kamen die Enten dutzendweise. Und zusätzlich wurde die Sache noch dadurch erschwert, dass sie meistens nicht schön geradeaus flogen, sondern um die Eichenkronen in völlig unvorhersehbarer Weise geradezu herumkurvten. Dann hörte ich es beim rechten Nachbarn knallen und gleich hinterher deutlich ein plumpsendes Geräusch. Unverkennbar war dort eine dicke Ente aus einiger Höhe auf die Erde gefallen. Es wurde immer dämmeriger. Die Enten waren ganz unvermutet und plötzlich irgendwo zwischen den Eichenkronen kurz zu sehen, sausten in ihrem unkalkulierbar unregelmäßigen Flug zwischen den Baumkronen herum, waren eingefallen, bevor ich schießen konnte, um nach dem Aufscheuchen zu verschwinden, ehe ich einen gezielten Schuss loswerden konnte. Es knallte bei beiden Nachbarn – doch auffallend häufig nur ein Schuss, selten zwei.

Schließlich wurde es dunkel. Wir packten unsere Sachen. Geknallt hatte es bei uns allen wahrlich genug. Wir gingen zum Ausgangspunkt zurück. Ich hatte mit Mühe zwei Enten zur Strecke gebracht. Als wir die Nachbarn schattenhaft erkennen konnten, verbarg ich meine beiden Enten schamvoll hinter dem Rücken – noch näher herangetreten, sah ich meinen unmittelbaren Nachbarn, dessen erste Ente ich so deutlich hatte fallen hören, dasselbe tun. Niemand wollte als Erster seine Beute vorweisen – wir rechneten wohl alle drei damit, die Nachbarn hätten jeweils ein Dutzend Enten am Galgen, nur man selbst habe gepudelt. Doch die Realität sah anders aus: Der rechte Nachbar und ich hatten beide jeweils nur zwei, lediglich der alte Herr brachte sechs Enten mit zum Sammelplatz. Doch wir waren uns schnell einig: Diese um die Eichenkronen sausenden Enten waren einfach nicht zu treffen! Die Ehre war also gerettet, denn das miese Ergebnis lag ja nicht an uns …

Enten im Elbe-Weser-Dreieck

Wenig später stand ein Entenstrich im Elbe-Weser-Dreieck auf dem Terminkalender. Dort sollte es bei gutem Wetter, d. h. bei tiefen Wolken und Wind von See, gut Enten geben. Gemeinsam mit einem Bekannten und ausreichendem Patronenvorrat fuhr ich eines schönen Wochenendes zum vereinbarten Treffpunkt.

Nach gastfreundlicher Begrüßung, Kaffee, Cognac und Kuchen ging es weiter zum eigentlichen Sammelpunkt der Jäger. Wieder gab es Kaffee und Kuchen, aber jetzt dazu außerdem auch belegtes Brot, Schnaps und Bier, dass sich die Tische bogen. Wir warteten auf einen verspäteten Jagdgast; als dieser eintraf, konnten wir starten. Doch wurden zur Vermeidung von Problemen bei der späteren Rückfahrt nur zwei Wagen mitgenommen. Alles musste darin verstaut werden: Menschen, Hunde, Waffen, Patronen. Es ist schon erstaunlich, was alles in einem – natürlich jagdgrünen – Mercedes Diesel Platz findet. Schließlich setzten wir uns in Bewegung. In das Revier? Schon zu den Enten? Nein, weit gefehlt. Dazu war es immer noch zu früh. Deswegen ging es zunächst in die Jagdhütte, von dort konnte man später zu Fuß gehen. Man nannte es Jagdhütte, aber es war schon eher eine kleine Jagdvilla. Sie lag ganz ruhig und ungestört in einem Kiefernstangenholz auf einem Hügel über der Flussmarsch. In der Nähe befand sich ein fast schon aufgegebener kleiner Hof. Nur ein schmaler Weg mit hohem Schweinerücken führte dorthin. Sackgasse, keine Touristen, keine Reiter, nur Ruhe und ungestörtes Dasein. Das mit Xylamon dunkel getönte Holz der Hütte passte gut in diese ungestörte natürliche Landschaft aus Sand, Weiden, Kiefern und Wasser. Innen handelte es sich allerdings eher um eine Nobelherberge mit elektrischem Licht, Kühlschrank und allem sonstigen Komfort. Sauschwarten auf den hellen Dielen, Damwilddecken an den Wänden, einige ganz gute Gehörne an den Wänden zeigten, was die Gegend zu bieten hatte. Zur Begrüßung einen Klaren, dazu ein Bier, ach nein: „Auf einem Bein kann man ja nicht stehen, außerdem trifft man dann nicht!" Die nächste Runde sollte unbeschwertes Mitschwingen fördern. Man spürte es, hier war man unter „echte Jäger" geraten.

Als wir dann endlich aufbrachen, begann es schon leicht zu dämmern. Wir wurden in unsere Stände an Totarmen des nahen Flusses eingewiesen. Die Enten könnten aus allen denkbaren Richtungen kommen. Wir sollten nicht zu weit schießen und uns die Richtung fallender Vögel möglichst genau merken. Schnell waren wir in unseren Ständen, gedeckt von mannshohen Brennnesseln, verschwunden. Von meinem Stand aus blickte man verheißungsvoll hauptsächlich in den hellen westlichen Abendhimmel – da sollte ich lange sehen können. Einige jüngere Pappeln und Weidenbüsche waren nicht nennenswert hinderlich. Hinter mir fanden sich Schilfpartien, ein breiter Graben und weitere Brennnesselhorste.

Der rechte Nachbar war 80–100 Schritt entfernt, der nach Süden sicherlich 150 Meter. So standen wir weit genug auseinander und konnten uns nicht gegenseitig behindern. Schon fielen am rechten Flügel die ersten Schüsse. Im selben Augenblick war mir die erste Ente einzeln von hinten kommend über den Kopf gestrichen. Ich sah sie zu spät. Bei den Nachbarn fielen weitere Schüsse. Jetzt sah ich die Schofe aufsteilen und abdrehen. Dann kamen weitere Enten direkt auf mich zu. Als sie im richtigen Winkel über mir waren, knallte es zweimal – eine Ente fiel in das Schilf.

Doch anschließend setzte der Strich erst richtig ein. Alles, was bisher angeflogen kam, abdrehte und wieder erschien, waren einzelne Enten oder kleinere Schofe und zählte eigentlich gar nicht. Doch nun kamen geradezu Wolken von Enten, zuerst hoch, dann tiefer, doch schließlich auch in Schussentfernung. Ich hatte keine Zeit mehr, auf Nachbarn zu hören, sondern musste selbst in höchstem Maße konzentriert auf das achten, was sich im Bereich der eigenen Flinte abspielte. Dabei machte ich wieder die schon anlässlich der Jagd an der Elbe beschriebene Beobachtung: Es ist eigentlich kein so großes Problem, sauber zu schießen, wenn nur zwei, drei oder auch vier Enten in schussgerechter Entfernung vorbeistreichen, aber es ist schon beinahe schrecklich verwirrend, wenn da plötzlich Schofe von geschätzten dreißig oder vierzig Enten kommen. Man kann nicht schießen oder schwenkt ab, weil man die vermeintlich noch bessere Chance nutzen will. Und eh man sich's versieht, ist die objektiv beste Möglichkeit vertan, man schießt und ist froh, wenn statt der erhofften Doublette wenigstens eine Ente herunterfällt.

Das ging so vielleicht zehn Minuten. Schließlich wurde es wieder ruhiger, die Schofe kleiner und der Himmel dunkler. Dann kamen noch einmal drei Enten – im Schuss fiel die erste, im erneuten Knall trudelte auch die zweite. Dumpf schlugen die beiden Körper in kurzem Abstand auf die angrenzenden Weiden. Es erscholl der Ruf „Hahn in Ruh!". Das war gleichzeitig das Kommando „Hunde los!", und schon begann Anke zu suchen. Schnell brachte sie die erste, die zweite Ente und suchte von Neuem. Es ist ja immer wieder unglaublich spannend, in der Dunkelheit der Bewegung der Hunde zu lauschen, sie nach dem Rascheln von Schilf und sonstiger Vegetation zu orten, das Platschen zu vernehmen, wenn sie im Wasser sind oder durch Gräben rinnen, und schließlich darauf zu horchen, ob sie zielstrebig und ohne zu hecheln näherkommen, um wieder eine Ente abzuliefern.

Anke hatte wieder phantastisch gearbeitet, hatte sich immer wieder in die fast undurchdringliche Wildnis von Schilf und Kraut begeben, bis sie schließlich auch die letzte als sicher gefallen beobachtete Ente gebracht hatte. Ich weiß unter solchen Bedingungen manchmal tatsächlich nicht, was eigentlich mehr Freude macht, die Ente aus der Luft zu holen oder sie dem Hund nach langer, aber letzten Endes erfolgreicher Suche aus dem Fang zu nehmen. Beides gehört dazu.

Als alle Enten beisammen waren, versammelte sich die kleine Jagdgesellschaft wieder am Ausgangspunkt, um gemeinsam den Rückweg zur Hütte anzutreten. Dort wurde Strecke gelegt. Nach dem Verblasen wurde es eine lange Spätsommernacht.

Enten in Westflandern

Unvergesslich blieben die zahlreichen Entenjagden mit belgischen Freunden bei Georges v. H. in Westflandern. Praktiziert wurden dort zwei ganz unterschiedliche Varianten.

Im ersten Fall handelte es sich um ein besonders attraktives, aber kurzes Vergnügen: Etwa zehn bis zwölf Schützen wurden im Abstand von etwa 30–50 Schritt auf einer Weide in einer Entfernung von etwa 50 Metern westlich und südwestlich von einem Pappelwäldchen postiert. In dem

Wald befand sich ein ca. 0,5 Hektar großer, schmaler, aber dafür sehr lang gestreckter Teich, auf dem gern Enten lagen.

Nachdem die Schützen außen ihre Stände eingenommen hatten, wurden die auf dem Wasser liegenden Enten von Osten her von drei bis vier Treibern mit Hunden langsam hoch gemacht. Die Vögel stiegen dann steil auf und kamen über die Pappeln spitz von vorn auf die Schützenlinie zugeflogen.

Auch in diesem Fall konnte man wieder beobachten, dass einzeln oder zu zweit und zu dritt anstreichende Enten bei geübten Schützen wenig Chancen haben. Wenn sie aber in großen Schofen kommen, stehen manchmal auch erfahrene Jäger mit leerer Flinte ohne Beute da, wenn die Enten vorbeigerauscht sind. Es war deswegen auch diesmal besonders reizvoll, die hoch und schnell anstreichenden Enten in dem übersichtlichen Gelände bei den Nachbarn fallen zu sehen.

Für die Hunde war es natürlich überhaupt kein Problem, die Beute auf den abgegrasten Weiden einzusammeln. Schwieriger wurde es, wenn es geflügelten Enten gelang, das vorbeifließende Tief zu erreichen. Aber zwei oder drei Labradors entkam auch dann nur äußerst selten einmal eine Ente.

Hatten wir hier einen fröhlichen, wenn auch nur sehr kurzen Vormittag erlebt, ging es nach einem ausgedehnten Lunch zum Abendstrich an einen nicht allzu weit von der Küste entfernten, etwa 50 ha großen See. Er war in der flachen Wiesenlandschaft von einem breiten Schilfgürtel mit Weiden und hohen Pappeln umgeben. Hier waren Kormorane ebenso zu Hause wie Rohr- und Wiesenweihen, zahlreiche andere Vogelarten und vor allem eben Enten, Enten und nochmals Enten. In den Pappeln hatten Reiher und auch Kormorane eine Brut-Kolonie. Einige Bäume waren vom Kot der Vögel bereits abgestorben, andere hatten noch voll vitale Kronen. Das ganze Biotop war ein seltenes Eldorado und deswegen sicherlich zu Recht ein vollkommen befriedetes Naturschutzgebiet.

Die Jagdgrenze verlief ungefähr 200 Meter vom Seeufer entfernt landeinwärts. Erst von dieser imaginären Grenze an durften Enten ab 16. August bejagt werden. Das erwies sich in doppelter Hinsicht als schwierig. Denn einerseits kamen die vom See her zu ihren Nahrungsplätzen streichenden Enten meistens schon recht hoch, andererseits hatten sie gute Möglichkeiten, den Schützen auszuweichen, wenn diese in nicht hinreichend deckenden Schirmen auf die Vögel warteten.

Doch umso reizvoller war jedes Mal die Jagd. Reizvoll und spannend vor allem auch deshalb, weil die Enten hier noch bei vollem Licht, also schon besonders früh in Bewegung waren und weil wir in dieser flachen Landschaft so unendlich weit sehen konnten. Wir wussten, wo die

Stockenten als wohlschmeckende Beute

Lottchen fand die Ente auch im dichtesten Schilf und Kraut.

Nachbarn sich verborgen hatten. Wir sahen die Enten über dem See aufsteigen, nachdem man sie lange vorher hatte rufen hören. Am Himmel war hier immer Bewegung. Dort schaukelte die Weihe vorbei, hier kam von der Nordsee her ein Flug Kormorane. Erneut waren Enten in der Luft – doch dies schienen drei Bekassinen zu sein – nicht schießen! Die Enten fielen wieder auf dem See ein – es war wohl nur ein Formations- oder kurzer Übungsflug. Dann herrschte für einen kurzen Augenblick Ruhe, doch die Rufe blieben zu hören.

Die Sonne begann zu sinken, die Schatten von Pappeln und Rindern wurden länger und länger, die Rufe der Vögel auf dem See erschallten lauter. Wo der Tag zur Ruhe geht, werden im Gegenzug die Geister der Dämmerung und der Nacht aktiv. Enten stiegen auf, kreisten kurz und strichen dann in nördliche Richtung. Wie die vorausgeflogenen Enten waren sie weit außerhalb der Reichweite unserer Flinten.

Wir hatten uns zu dritt nach den Beobachtungen und Empfehlungen des Jagdaufsehers postiert. Die Enten flogen ihm zufolge in den letzten Tagen immer in westlicher Richtung vom See ab, doch heute schien das anders zu sein. Auch der dritte, vierte und fünfte Schof folgte den vorangegangenen beiden. Die Enten schienen an ihren bisherigen Plätzen gestört worden zu sein oder hatten irgendwo anders neue, attraktivere Nahrungsquellen gefunden. So blieb es an diesem Abend. Wir hörten die Enten, schienen mit abnehmendem Tageslicht fast zwischen ihnen zu sitzen, sahen sie aufsteigen, kreisen und weit außerhalb der Schussweite in nördliche Richtung davonfliegen.

Wieder waren Enten in der Luft. Auch sie flogen in nördliche Richtung, ziemlich hoch, aber dort saß sowieso niemand verborgen in einem Schirm. Die Enten kamen also unbeschossen davon. Schließlich verschwammen die Pappeln zu kaum noch wahrnehmbaren Schemen, Vögel und Rinder konnte man nicht mehr erkennen. Es wurde kühl, ich dachte schon ein wenig an die Heizung im Auto. Wir brachen unsere Zelte ab, trafen uns am Wagen, ohne einen Schuss abgegeben zu haben. So kann Jagd auch sein: Man sitzt ganz dicht an Hunderten von Enten, sieht sie auch abstreichen und kommt doch ohne Beute nach Hause. Da ist es gut, sich an „bessere Tage“ zu erinnern, z. B. an die „verbürgte“ Geschichte, wie es einem sonst schon fast übervorsichtigen Freund zu seiner eigenen Überraschung „gelungen“ ist, drei Enten aus einem aufsteigenden Schof mit einem einzigen Schuss zu erlegen! Oder an jene Ente, die ein Jagdkollege als dritte zu zwei bereits von Lottchen apportierten Enten ablegte. Während er auf neuen Anflug wartete, erwachte sie jedoch tatsächlich wieder zu neuem Leben und wollte sich unbemerkt still davonmachen. Fast wäre es ihr gelungen. Aber der aufmerksame, nicht angeleinte Hund hatte im letzten Augenblick erneut zugegriffen.

Ein ganzes Buch könnte ich mit Erlebnissen von den Entenjagden füllen, und nie würde es Wiederholungen geben oder langweilig werden. Aber hier will ich ja nun doch allmählich weiterziehen und mich neuen Themen zuwenden.

Entenbiotop in Westflandern

Gänse blieben seltene Beute

Auftakt – Beute nur dank des Hundes

Nach einer langen Phase der Vollschonung hatten Graugänse wieder eine Jagdzeit, und zwar nicht nur im Spätherbst, sondern in diesem Fall auch schon im August. Rund um den großen See hatte ich bereits wiederholt gejagt, als es mir endlich möglich wurde, zusammen mit einem Bekannten einer Einladung zur Gänsejagd zu folgen.

Leider hatten die Gänse nach den ersten Schüssen allerdings schnell gelernt und ihr Verhalten grundlegend geändert. Sie lagen nun meist weit draußen auf dem Wasser und stiegen bereits über dem See hoch auf, um dann in großer Höhe außerhalb jeder vernünftigen Schussdistanz in das Hinterland zur Nahrungsaufnahme zu streichen. Dabei wechselten sie oft und unkalkulierbar auch die besuchten Felder. Man wusste also nie, wo sie denn nun endlich einfallen würden.

Bei meinem Eintreffen machte dann der Gastgeber auch kein sehr erfolgversprechendes Gesicht und zweifelte daran, dass wir in seinem großen Revier überhaupt eine Gans zu sehen bekämen. Und wenn, dann sei es ziemlich undenkbar, auf Schrotschussweite an sie heranzukommen. Allenfalls könnte ein Kugelschuss Erfolg bringen. Vorausschauend hatte der Bekannte neben seiner Flinte auch eine geeignete Bockbüchsflinte im Wagen und war also zweckmäßig ausgerüstet. Meine 12er Flinte blieb dagegen von vornherein im Koffer. Stattdessen wurde mir eine Bockbüchsflinte 16/70–222 R. mit sechsfachem Zeiß-Diatal-Zielfernrohr geliehen. Welcher Jäger verwendet eigentlich gern ein fremdes Gewehr? Aber was half's? Wir diskutierten die Frage der geeignetsten Munition und entschieden uns schließlich gegen das Teil- und für das Vollmantelgeschoss. Der Haltepunkt sollte bei beiden Varianten derselbe sein.

Die Landschaft der Gänse war vom See geprägt – ein weites, flaches Land. Wiesen und Weiden beherrschen das Bild. Doch wurden die eingesprengten Felder mit Getreide- und Maisanbau als Folge intensiver Entwässerungsmaßnahmen immer näher an die Ufer des Sees vorgeschoben. Die Sichtbedingungen waren meist sehr gut, was umgekehrt für die Gänse natürlich ebenso galt. Koppelpfähle boten wenig Deckung – besser waren da schon die Maisfelder geeignet.

Als Jagdmethode sollten zunächst die Feldwege abgefahren werden, um auf diese Weise möglichst Gänse bei der Äsung zu finden und sie dann unter Ausnutzung etwaiger Deckung auf Schussdistanz anzugehen. Sollte das fehlschlagen, wollten wir anschließend versuchen, an den bisherigen Äsungsplätzen auf einfallende Gänse zu warten.

Tatsächlich entdeckten wir schon nach kurzer Fahrt fünf Vögel auf dem Weizenstoppel – Gänse. Wie näherkommen? Robben, Ausnutzen von Gräben und Weidepfählen als Deckung war von vornherein sinnlos. Wir sahen es im Glas, wie sorgfältig der Wächter die Umgebung beobachtete. Es bestand keine Chance, sich als Jäger anzupirschen und so auf schussgerechte Distanz an diese Gänse heranzukommen.

So blieb als Alternative allein der sicherlich sehr gewagte Versuch, zu zweit ganz offen und von Weitem sichtbar als „Spaziergänger" auf einem den Weizenschlag südlich begrenzenden Weg entlangzugehen, um dann stehend freihändig zu schießen. Dies war zwar immer noch sehr wenig aussichtsreich, aber wir entschieden uns dennoch für den Versuch, weil wir sonst überhaupt keine Möglichkeit sahen.

Wir fuhren also mit dem Wagen zu dem erwähnten Weg, ließen den Gastgeber im Fahrzeug an einem Erlenbusch zurück und marschierten mit geladenen Waffen ganz offen und miteinander plaudernd langsam los. Die Gänse bemerkten uns so natürlich schon von Weitem, blieben aber weiteräsend sitzen. Als wir schließlich das Feld erreichten, waren die Gänse zwar noch da, aber weiter entfernt, als wir bei Entwicklung dieses Plans gedacht hatten. Wir beratschlagten das Weitere im Gehen und kamen in unserem jugendlichen Optimismus zu folgendem Ergebnis: Bis zur Senkrechten, also zu der kürzestmöglichen Entfernung zu den Gänsen, auf dem Weg ruhig und stetig weiterlaufen, stehen bleiben und auf Kommando gleichzeitig schießen. Die Entfernung schätzten wir dann zwar immer noch auf etwa 100 Schritt, aber es gab keine andere Wahl. Die Gänse sicherten inzwischen mit langen Hälsen und begannen, unruhig hin- und herzutreten. Aber sie hielten weiterhin aus.

Nun ist es ja schon auf dem Schießstand nicht ganz einfach, auf 100 Meter stehend freihändig auf den Überläufer zu schießen, aber dies war hier viel schwieriger. Wir befanden uns nämlich auf einer ganz lebendigen, plötzlich sehr aufregenden Jagd, und Gänse sind ja viel kleiner als die Sau auf dem Schießstand. Doch dann fielen fast gleichzeitig die Schüsse: Alle Gänse stiegen auf, keine blieb liegen – alle fünf Gänse strichen Richtung See davon.

Wir sahen uns an und schauten hinter den Gänsen her. Es schien zunächst nichts zu passieren – vielleicht wurde der Abstand zwischen den ersten drei und den beiden letzten Gänsen allmählich etwas größer, aber das – so schien uns zunächst – konnte auch Wunschdenken sein. Die Entfernung wuchs mehr und mehr, mit den bloßen Augen war bald nicht mehr genug zu sehen, so schauten wir durch das Zielfernrohr und erkannten, dass zwei Gänse kurz vor den Erlen am Seeufer einfielen, während drei über die Bäume hinweg auf den See flogen.

Mit der kleinen Kugel gestreckt

Wir gingen zum Jagdherren und fuhren auf dem Feldweg in die Gegend, in der wir die Gänse hatten einfallen sehen. Die Landschaft bestand dort aus Weiden und Gräben mit wilden Schilfpartien. Während wir am Auto noch überlegten, was nun wohl zu tun sei, kam ein Mann mit dem Fahrrad auf uns zugefahren. Im Gespräch wies er auf einen 150–200 Meter weiter südlich verlaufenden Graben, dort sei eine Gans niedergegangen. Aber es wäre nur eine Gans gekommen, nicht zwei. Wir diskutierten darüber, meinten, das könne eigentlich nicht stimmen, wurden dann aber unsicher, weil die Distanz unserer Beobachtung nach zuletzt doch schon recht groß und der Blick durch das Zielfernrohr ja auch eine ziemlich wackelige

Angelegenheit war. Wir beschlossen also, mithilfe des Beobachters zunächst einmal nach der eingefallenen Gans zu suchen.

Ich sah nach meiner Wachtelhündin Anke. Aber die war während unserer Unterhaltung unbemerkt verschwunden. Hm. So rief und pfiff ich nach ihr – ohne Ergebnis. Das war ungewöhnlich. Die Hündin hatte Appell. Erneutes Rufen blieb ohne Resultat. Sie war auch nicht auf den freien Wiesenflächen zu sehen. Vielleicht hatte sie Fasanen oder einen Hasen in den Schilf- und Krautpartien der Grabenränder in die Nase bekommen und beschäftigte sich nun damit. Doch dann fielen uns gar nicht weit entfernt Bewegungen am Grabenrand vor uns auf. Ich rief wieder, erneut ohne direktes Resultat. Schließlich teilte sich der grüne Vorhang, und es erschienen zuerst die Rute, dann die Keulen des Hundes im Rückwärtsgang, während sie im Fang tatsächlich eine Gans aus Schilf und Kraut mühselig hinter sich herzerrte.

Wir schauten uns einschließlich des Mannes, der die Gans etwa 150–200 Meter weiter südlich hatte einfallen sehen, völlig überrascht an und eilten dem Hund zu Hilfe. Es gab keinen Zweifel, der Hund hatte – während wir uns ahnungslos unterhielten – eine der von uns beschossenen Gänse in die Nase bekommen und gefunden. Sie hatte einen Schuss weidwund und lebte noch.

Die Freude war natürlich groß. Aber schon stand die Frage im Raum, wie konnte die nach den Beschreibungen unseres Beobachters so eindeutig viel weiter im Süden in einen anderen Graben eingefallene Gans so schnell ausgerechnet in die Nähe des Weges, an dem wir hielten, gelangt sein?

Nach längerer Diskussion kamen wir angesichts der Sicherheit, mit der unser Gewährsmann auftrat, aber dennoch immer noch zweifelnd, schließlich zu der Meinung, es könne sich nicht um dieselbe Gans handeln. Wir hatten uns möglicherweise bei der Beobachtung durch die Zielfernrohre getäuscht. Es war denkbar, dass die Gänse nicht beide zusammen an derselben Stelle, sondern mit größerem Abstand getrennt voneinander eingefallen waren. Sicher waren wir nur, dass eben drei Gänse über die Erlen zum See gestrichen waren.

Wenn dem so war, musste auch die zweite Gans getroffen und zu finden sein, zumal wir durch unseren zufälligen, aber wie man sieht, ganz unersetzlichen Beobachter ziemlich genau wussten, wo wir weiter zu suchen hatten. Soweit der Wegezustand es zuließ, fuhren wir also näher an besagte Stelle heran. Unser neuer Freund kam mit dem Fahrrad nach.

Dank seiner genauen Einweisung dauerte es tatsächlich auch nur kurze Zeit, bis Anke auch diese Gans griff. Das Vollmantelgeschoss hatte sie ebenfalls weidwund durchschlagen. Die Wildbretzerstörung war minimal.

Der ganze Ablauf war fast unglaublich und klingt immer noch nach Münchhausen. Ich geniere mich fast, das Geschehen hier schriftlich festzuhalten, aber wir hatten ja unstrittig vor Zeugen auf diese einmalig abenteuerliche Weise zwei Gänse zur Strecke gebracht. Sicherlich gehörte auch die Hilfe des zufälligen Beobachters dazu. Wir hatten einfach ein unglaubliches Glück gehabt! Allerdings hatte auch die Wachtelhündin Anke ihren entscheidenden Anteil am Erfolg.

Fortsetzung auf gerade abgeernteten Feldern

Danach setzten wir unsere Jagd fort und suchten Gänse bevorzugt auf den kurz vorher abgeernteten Feldern. Doch fanden wir sie zunächst natürlich nicht. Nach weiterer Suche entdeckten wir schließlich auf einem frisch geschälten Stoppel schließlich 50–60 Gänse, einige hielten Wache, während die anderen ruhten.

Diesmal konnten mein Gastgeber als Führer und ich mit der Waffe in der Hand sie in guter Deckung durch ein hohes Maisfeld angehen. Das klappte auch ganz gut, aber es war scheußlich nass und in der Wärme auch fast schon unangenehm schwül. Wie nass und dicht ein Maisfeld sein kann, merkt man ja erst, wenn man hindurchgehen muss und dabei darauf zu achten hat, dass das Zielfernrohr leidlich trocken bleibt und kein Wasser in den Lauf dringt. Aber wir schafften das.

Diesmal war die Entfernung kürzer. Ich konnte an einem Maishalm anstreichen. Die beschossene Gans blieb mit ausgebreiteten Schwingen auf dem Acker liegen. Die anderen flogen mit lautem Geschrei unversehrt davon. Mein Führer und ich schauten uns zufrieden an und schüttelten die Nässe von den Kleidern.

Eine von den so erbeuteten Gänsen habe ich zu Hause später eigenhändig gerupft, was eine ziemlich mühevolle Angelegenheit war. Meine Frau hat sie dann zubereitet. Dazu suchte sie in unseren Kochbüchern nach Vorschlägen für die Zubereitung von Wildgänsen – Fehlanzeige. Schließlich fand sie ein schwedisches Rezept, das sie in einigen Hinsichten abwandelte.

Das Ergebnis fand bei den Teilnehmern an dem kleinen Festmahl uneingeschränkte Anerkennung. Die Gäste hatten – ebenso wie wir – noch nie zuvor Graugans gegessen. Das Lob an die Hausfrau gipfelte darin, dass man sich angelegentlich danach erkundigte, wann denn wohl die nächste Gänsejagd auf meinem Terminkalender stünde.

Gänse in Holland

Über Verbindungen von Freund G. J. konnten wir gemeinsam in Holland in der Umgebung des Ijssel-Meeres spät im Jahr auf Gänse jagen. In der flachen Marsch mit Weiden, Gräben und einzeln liegenden ansehnlichen Höfen überwintern dort Tausende von nordischen Gänsen. Sie übernachteten auf den Wasserflächen und kamen mit dem Hellwerden zur Nahrungsaufnahme auf die fetten Weiden. Wir begaben uns deshalb noch in der Dunkelheit in einen Schirm und warteten auf den Morgen.

Mit langsam zunehmendem Licht erkannten wir Bäume, Höfe, Koppelzäune in dem weiten Land. Ich selbst saß dann mehr oder weniger gut getarnt irgendwo hinter Stacheldraht und Koppelpfählen im Schirm verborgen und hatte einige Lockgänse aus Plastik vor mir aufgebaut – hoffentlich so attraktiv, dass die wilden Artgenossen schon von Weitem beim Anflug glaubten, gerade hier sei nun das beste Gras aus der ganzen Umgebung zu finden.

Sie kamen dann kreisend niedriger und niedriger, näher und näher, bis sie endlich so nah waren, dass man eine Chance für eine Doublette zu haben glaubte. Das mag jedenfalls der Wunschtraum eines Gänsejägers sein, wenn er zum ersten Mal in der Morgendämmerung dieser holländischen Weiten das vieltausendstimmige Geschnatter der anfliegenden Gänse vernimmt. Es ist unglaublich und kaum zu schildern, wie viele Gänse gleichzeitig in dem sich allmählich verfärbenden, immer heller werdenden Himmel versammelt sein können.

Sie kamen hoch in der typischen Keilformation, aber auch in ganzen Pulks, manchmal in kleinen Flügen von vielleicht „nur“ 10–30, dann aber auch wieder zu Hunderten, ein Flug am anderen. Ich sah sie tiefer gehen – je heller es wurde, umso deutlicher, auch auf wachsende Entfernung. Ich malte mir aus, wie es wäre, wenn sie nun zu meinen Lockgänsen kämen …

Doch dann sah ich, wie der gerade beobachtete, niedergehende Flug plötzlich wieder steil in die Höhe flog. Sekundenbruchteile später erst ergab sich die Erklärung: Ich hörte nun die Schüsse von Nachbarn, von deren Existenz ich bis dahin gar nichts wusste.

Auch weitere Gänse gingen aus ihrem begonnenen Sink- wieder in einen aufsteigenden Flug über und entfernten sich auf der Suche nach ruhigeren, sicheren Äsungsplätzen. Dafür kamen andere Schofe nach. Das Stimmengewirr schien eher noch weiter anzuschwellen als abzunehmen.

Ich konnte wirklich die Masse der Gänse kaum erfassen. Aber sie waren fast immer und ständig zu hoch, kreisten, kamen etwas tiefer, wurden beschossen und stiegen wieder auf. So ging das über Stunden. Die Gänse kamen – soweit man sehen konnte – nirgends auf den Boden. Überall saßen Jäger und schossen, sobald sich die Vögel zum Einfallen anschickten. Einige Male glaubte ich selbst die Gänse nahe genug. Zwei sind auch gefallen. Dann wiesen die Zeiger auf 10.00 Uhr – Ende der Jagd. Nun würden die Vögel ungestört und in Ruhe Äsung finden.

Ich sammelte Lockgänse und Beute ein und begab mich zum Sammelplatz. Ich bedankte mich dafür, dass ich dabei sein konnte, und fuhr um eine Erfahrung reicher wieder nach Hause. Zugleich war ich auch sehr nachdenklich geworden bezüglich der Jagdausübung auf ziehende Vogelarten in ihren Überwinterungsgebieten, besonders, wenn – wie es hier der Fall war – jeder Bodeneigentümer unabhängig vom Umfang und der Struktur seines Besitzes auf seinen Flächen die Jagd ausüben konnte.

Zunahme der Gänsevorkommen

Insgesamt haben sich besonders Grau-, Ringel- und Nonnengänse in den vergangenen drei Jahrzehnten stark vermehrt. Die Kanada- und die Nilgans sind als bisher nicht vertretene Arten hinzugekommen. Allein in Niedersachsen stieg die Strecke von nur 51 Stück 1980/81 auf 7819 Gänse 2005/6 an.

Die Brutgebiete werden stetig nach Süden und Westen ausgeweitet. So brüten sie inzwischen erfolgreich auf Kiesteichen und aufgelassenen Tonkuhlen in ganz Norddeutschland. Immer mehr Menschen können sich daher regelmäßig und nicht nur zu den Zugzeiten im Frühjahr und Herbst an diesen beeindruckenden Wildarten erfreuen.

Aber es ist nicht immer eine ungetrübte Freude. An verschiedenen Orten haben neben den Grau- auch Kanada- und Nilgänse so stark zugenommen, dass sie teilweise schon zur Plage wurden. Als Folge sahen sich einzelne Untere Jagdbehörden in den letzten Jahren zunehmend gezwungen, Schonzeiten aufzuheben. Mit der Novellierung der einschlägigen Verordnung sollen neben der Graugans weitere Gänsearten eine Jagdzeit erhalten.

Doch Gänse sind kluge Tiere und lernen es immer wieder schnell, Kontakt zu den Jägern möglichst zu vermeiden. Überrumpelungstaktiken, wie wir sie erfolgreich am großen Binsensee anwandten, funktionieren deshalb in aller Regel nur einmal.

Als bisher letzte Gans erlegte ich eine weitere mit der kleinen Kugel, diesmal auf einer Weide. Sie lag im Knall. Freund J. L. hat sie mir fröhlich übergeben. Insgesamt blieb aber meine Gänsestrecke minimal. Am Ende macht doch allein schon das Bewusstsein Freude, dass es auch bei uns mehr und mehr Gänse gibt.

Gesellschaftsjagden auf Niederwild

Alle Jagden mit mehr als drei Teilnehmern sind nach dem Text des Jagdgesetzes eigentlich schon formelle Gemeinschafts- oder Gesellschaftsjagden im engeren Sinn. Jagden, an denen nur bis zu drei Jäger teilnehmen, sind Stokeleien. Doch es gibt in der Praxis natürlich Übergangsformen. Nicht jeder Jäger denkt stets an die gesetzlichen Definitionen.

Tatsächlich sind aber im Allgemeinen Gesellschafts- oder Gemeinschaftsjagden formal Jagden mit deutlich mehr als drei Teilnehmern, und zwar ganz unabhängig von der Art ihrer Durchführung.

Stokeln oder schon Gesellschaftsjagd?

Genau genommen waren also schon die ersten Stokeleien auf Niederwild im Emsland mit drei bis fünf Teilnehmern definitionsgemäß Gesellschaftsjagden. Wir hatten einfach Freude an der Jagd und am Draußensein, wir wollten uns gemeinsam mit Freunden mit der Flinte in der Hand im Freien bewegen! Das war der Anlass, und auf die genaue Wortwahl kam es dabei nicht so an. Es gab immer bunte, aber nie große Strecken. Das war auch nicht das Ziel, wir wollten in kleinem Kreis gemeinsam Niederwild jagen, wenn der Herbstwind über das Stoppel- oder Kartoffelfeld wehte. So einfach war das. Das Herz schlägt einfach in einem höheren Takt, wenn man mit Hund und Flinte zu zweit oder in kleiner Gruppe die Gemengelage von Knicks und Feldgehölzen, Maisstoppeln und anderen abgeernteten Feldern, Senf-, Raps- oder Ölrettichschlägen und Grabenrändern nach Fasanen, Hasen oder Kaninchen absucht. Dabei nimmt man die zufällig vorbeistreichende Taube und den Fuchs mit, unterhält sich, freut sich an der Arbeit der Hunde und genießt das Dasein als Jäger in solcher Gemeinschaft.

Kaninchen in den Dünen

Im Rahmen solcher Jagden – die eigentlich mehr an Stokeleien erinnerten – haben wir in den Dünen auf einer ostfriesischen Insel Kaninchen gejagt. Es war eine völlig neue Erfahrung: Begleitet von Wind und Meeresrauschen gehen mehr als drei, aber doch wenige Schützen bei frei suchenden Hunden in einer Art Kette durch das wellige, zum Teil richtig steil ansteigende und abfallende Gelände. Die Kaninchen sind schnell und eigentlich immer nur für einen ganz kurzen Augenblick zu sehen, bevor

Der Herbst ist bunt im Niederwildrevier.

sie wieder im Strandhafer oder hinter dem nächsten Dünenkamm verschwunden sind. Man kann aus Sicherheitsgründen eigentlich nur nach vorn schießen, links oder rechts besteht die Gefahr, dass dort der gerade in einem Tal verschwundene Nachbar im unpassenden Augenblick wieder auftaucht. Aber auch die Hunde können überall ganz unvermutet plötzlich erscheinen.

So wird es recht schwierig, die durch den Strandhafer flitzenden Kaninchen zu treffen, bevor sie hinter dem nächsten Absatz verschwinden. Man kann den Schuss eigentlich nur eben so hinwerfen. Aber man sieht eigentlich nur selten, ob man getroffen hat. Manchmal gelingt es, doch sicher ist das meistens erst, wenn einer der Hunde zwischen den grauen Halmen oder hinter der nächsten Kuppe mit dem gerade beschossenen Kaninchen im Fang auftaucht oder einer der Hundeführer ruft: „Ik häv Din Kanin!“ Man nimmt es ihm ab und setzt seinen Weg fort. Zwischendurch erlegt man auch die eine oder andere zu kess und zu dicht vorbeistreichende Möwe und hat dabei ziemlich sicher das nächste Kaninchen verpasst.

Die Dünenlandschaft hat teilweise geradezu beeindruckende Dimensionen – man denkt an die schottischen Highlands. Schon am frühen Nachmittag spürt man aber auch die Beine, bildet sich ein, die Dünen würden immer steiler und die am Galgen baumelnden Kaninchen immer schwerer! Im Allgemeinen tragen solche Gefühle und Belastungen auch nicht gerade zu einem besseren Schuss-Treffer-Verhältnis bei. Unwillkürlich denkt man an Windstille, die warme Kneipe, ein Krabbenbrot mit Rührei und die nächste Fähre zur Heimfahrt. Aber es ist nun einmal so: Kaum ist man zu Hause eingetroffen, sieht man die Landschaft mit der grauen Segge wieder vor sich, hört Wind und Wellen, den Schrei der Möwen und das Knallen der Schrotschüsse, riecht die harte Luft und zugleich den Pulverdampf. Man möchte umdrehen und wieder hinausgehen.

Gesellschaftsjagd im engeren Sinn

Bei Treibjagden handelt es sich im Gegensatz zu den Stokeleien um reguläre Gesellschaftsjagden. Wenn sich bis zu einem Dutzend Jäger auf einem Hof versammeln, mit Trecker und Hänger zu den Treiben fahren und die Jagdkorona abwechselnd in Vorstehschützen und Treiber unterteilen, muss alles sorgfältig geplant und bis ins Detail exakt vorbereitet sein. Entsprechend straff und präzise ist die Durchführung bis hin zum Feuer am Streckenplatz und zur Wildversorgung nach dem Streckelegen zu organisieren. Wenn nach der Jagd ein Kaffeetrinken, Essen oder Schüsseltreiben stattfinden soll, muss auch das gut vorbereitet sein.

Diese Treibjagden werden heute je nach Wild, um das es geht, unterschiedlich gehandhabt. Bei fließenden Übergängen wird die traditionelle Niederwildjagd in der Regel als Vorstehtreiben oder als Kesseljagd durchgeführt. Seltener kann sie auch in Form einer Böhmischen Streife stattfinden.

Vorstehtreiben – Ein Hase aus dem Nachbarrevier

Auf einer meiner ersten Gesellschaftsjagden dieser Art nahm ich an einem Vorstehtreiben teil. Ich stand als noch ganz junger Schütze auf dem Haken in einem Kiefernstangenholz. Ich hörte die Treiber sich nähern. Ein Hase kam durch das Stangenholz angehoppelt. Als ich ihn nahe genug glaubte, schoss ich einmal, der Hase wurde nur schneller und passierte die Schützenlinie. Ich ließ ihm etwas Strecke und schoss zum zweiten Mal, worauf mein Hase im angrenzenden Bestand auf der anderen Wegeseite verschwand. Nach dem Treiben ließ ein Nachbarschütze seinen Hund suchen. Es dauerte nicht lange, bis er, zu meiner eigenen Überraschung, mit dem Hasen im Fang zurückkam. Die Freude darüber war natürlich groß!

Doch der Schock kam gleich hinterher, als mir gesagt wurde, ich hätte genau auf der Grenze gestanden und eigentlich nur nach vorne schießen dürfen. Den Hasen hätte ich damit formell also geradezu gewildert und ihn dann auch noch aus dem Nachbarrevier holen lassen! Es war für mich damals geradezu schrecklich!

Die Jagd nahm ihren Fortgang. Treiben nach Treiben wurden planmäßig abgewickelt. Am Ende des Tages wurde im Schein von Fackeln die Strecke gelegt und verblasen. Anschließend ging es in ein nahe gelegenes Gasthaus zum Schüsseltreiben. Im Verlauf des Abends wurde der Hase aus dem Nachbarrevier amerikanisch versteigert. Ich hielt mich als jüngster Jäger in der Runde mit Geboten zurück. Doch dann forderte der Jagdleiter mich auf mitzubieten. Also bot ich – und erhielt blitzschnell den Zuschlag! Ich war völlig überrascht und sprachlos, aber als Junggeselle fern von zu Hause im Besitz meines im fremden Revier erbeuteten Hasen.

Die Lösung sickerte erst im Laufe des Abends allmählich durch: Der Jagdleiter hatte mit dem Jagdnachbarn ein Ferngespräch geführt. Als der erfuhr, dass es sich um den ersten Hasen eines Jungjägers auf einer Gesellschaftsjagd handelte, sagte er sofort, der Hase sei ihm geschenkt. Mein damaliger Forstamts- und Jagdleiter hatte sich im Prinzip an diese Absprache gehalten, aber die Sache mit seiner eigenen Idee der amerikanischen Versteigerung natürlich für alle Jagdteilnehmer viel spannender gemacht.

So zog ich denn mit dem Hasen in meine Junggesellenbude. Zubereiten konnte ich ihn auf meiner Kochplatte nicht. So ließ ich ihn draußen bis zum folgenden Wochenende abhängen und fuhr dann stolz mit meiner Beute nach Hause. Dort bereitete meine Mutter den Hasen fachgerecht zu.

Wie hier erfolgten Gesellschaftsjagden auf Niederwild damals regelmäßig in der Form von Vorstehtreiben. Erlegt wurde, was das Biotop hergab und was der Jagdschein erlaubte: Fasanen, Enten, Hasen und Kaninchen, Eichelhäher, ab und zu einmal eine Herbstschnepfe, natürlich stets auch der Fuchs.

Man lernte bei diesen Jagden Maß und Stil kennen: Nie mehr als 20–25 Schützen, oft dieselbe Anzahl Treiber, sauber arbeitende Hunde und regelmäßig bunte Strecken. 100 Stück Wild waren nicht ungewöhnlich.

Eindrucksvolle Erlebnisse in Süddeutschland

In Süddeutschland konnten es damals im Dreieck Offenburg-Straßburg-Kehl auch 250–300 Stück Niederwild sein, der Rekord lag bei etwa 450 Stück, vor allem Hähne, aber auch Hasen und getriebene Hühner sowie die eine oder andere Taube!

Auf solchen Jagden habe ich als junger Mensch glänzende Organisation, vorbildliches Verhalten und perfekte Flintenschützen erlebt. In einzelnen Fällen setzten erfahrene Schützen bei diesen Jagden auch Schwesternflinten ein und hatten ihre Flintenspanner dabei. Dann konnte man gelegentlich einmal staunend zusehen, wie einer der Herren aus einer Kette getriebener Hühner mit der ersten Flinte eine Doublette nach vorn schoss, dann, während die restlichen Hühner die Schützenlinie passierten, die Flinte wechselte und schließlich mit der zweiten Flinte noch eine weitere Doublette aus dem abstreichenden Volk holte. Es war für einen noch sehr jungen Jäger nahezu unfassbar! Entsprechend habe ich diese Könner bewundert und durfte – gewissermaßen als Belohnung – von einem eine seiner beiden Purdeys in die Hand nehmen!

Unvergesslich bleibt eine Jagd an einem nasskalten und zugleich regenreichen Novembertag. Zu der Jagdgesellschaft gehörte eine eher zierliche Französin. Sie trug einen überdimensionierten, breitkrempigen Hut, weite Pluderhosen über ihren Gummistiefeln und eine ausgebeulte, uralte Regenjacke. Während das Regenwasser von der Hutkrempe tropfte, qualmte fast ununterbrochen die scheinbar an der Oberlippe festgewachsene gelbe Gitane mit dem Maispapier. Ihr Flintenspanner überragte sie mindestens um Haupteslänge. Es war ein eindrucksvolles Paar. Doch sie schoss nicht schlecht und holte die Hähne ebenso sicher aus dem verregneten Himmel, wie sie die Hasen rollieren ließ.

Als sich die Jagdgesellschaft später nach der Jagd zum Essen umgekleidet im Restaurant versammelte, erschien plötzlich eine total verwandelte, attraktive Dame im Abendkleid mit Zigarette in einer eleganten Silberspitze!

Verhalten auf der Jagd

Auf einer dieser Jagden hörte ich erstmalig die badischen Treiber beim Aufstehen von Hähnen laut „A Buhle" rufen. Ich verstand das nicht, bis es mir von Eingeweihten erklärt wurde. Es gehörte hier – wie natürlich auch andernorts üblich – zum guten Ton, dass man Wild, welches dem Nachbarn günstiger zu kommen versprach, nicht schoss. Da nun an diesen Jagden neben Schweizern des Öfteren auch französische Damen und Herren als Schützen teilnahmen, bürgerte es sich ein, dem Nachbarn in französischer Sprache „À vous!" zuzurufen.

Die badischen Treiber verstanden das wohl nicht so genau und machten dann daraus nicht nur „A Buh", sondern auf gut badisch mit dem Diminutiv eben „A Buhle"! Doch es waren immer und zuverlässig Hähne, die sie auf diese Weise ankündigten. Man konnte sich also darauf verlassen und brauchte selbst nicht zu viel Zeit mit der Ansprache vor dem Schuss zu vertun!

Auf diesen Jagden war einmal auch eindrucksvoll zu beobachten, wie einer der Schützen die ungeschriebenen Gesetze missachtete und mehrfach Nachbarn Hähne und Hasen regelrecht vor die Füße legte. Das fiel auf, aber es wurde natürlich nicht darüber gesprochen.

Doch die Reaktion blieb trotzdem nicht aus: Beim folgenden und übernächsten Treiben standen – wie zufällig – zwei hervorragende Flintenschützen als linke und rechte Nachbarn neben besagtem Weidgesellen und ließen ihm keine Chance. Die Hähne fielen aus dem Himmel, bevor er zu Schuss kam. So einfach war das, aber es hatte Wirkung.

So waren diese reichen Niederwildjagden immer total spannend, obwohl Rahmen und Ablauf im Prinzip eigentlich immer derselbe waren. Es gab immer schriftliche Einladungen. Wenn man nicht schon zum Frühstück gebeten war, traf man sich am angegebenen Sammelplatz. Pünktlich nahmen die Bläser Aufstellung, die Schützen bildeten einen Halbkreis.

Dann erschallte das Begrüßungssignal. Der Jagdleiter hieß die Gäste willkommen, erläuterte die Freigabe und verkündete den Jagdablauf. Alles verlief zügig, präzise und ohne überflüssiges Palaver. Die mit Strohballen als Sitzgelegenheit ausgepolsterten Gummiwagen standen bereit und fuhren die Schützen zu den Ablaufplätzen, von wo aus sie vom Jagdherren oder seinen Helfern auf ihre Stände in der Front oder an den beiden Längsseiten des Treibens eingewiesen wurden.

Inzwischen nahmen auch die Treiber ihre Positionen ein und warteten, bis das Signal zum Beginn des Treibens erfolgte. Dann ging es unter lautem Schall der hölzernen Klappern – zur Not genügten auch ein paar Steinchen in einer am oberen Rand zusammengedrückten Blechdose – in möglichst geschlossener Linie über Felder, durch Reste von Maisschlägen, über Wiesen und Weiden, über Gräben, durch Knicks oder den Wald in Richtung auf die Front des Treibens. Nur sehr selten habe ich bei diesen Jagden Schützen in der Treiberkette gesehen, und wenn das doch einmal der Fall war, hatten sie klare Weisung, nur auf nach hinten flüchtendes Wild zu schießen!

Handelte es sich bei diesen Treiben um Dickungen im Wald mit Kaninchenvorkommen, blieben die Treiber von Zeit zu Zeit stehen, um auf Kommando mit Knüppeln auf den Waldboden zu trommeln. Das brachte die Kaninchen stets zuverlässig in nicht zu schnelle Bewegung. In den Lärm der Treiber mischten sich die Schüsse. Immer wieder einmal hörte man es danach mit einiger Zeitverzögerung um sich herum auf den Blättern prasseln oder rauschen. Die Erklärung war einfach: Auf der gegenüberliegenden Seite hatte jemand auf Flugwild geschossen, die Schrote fielen in der Nähe des eigenen Standes zu Boden.

Je näher die Treiber kamen, umso spannender wurde es. Es knallte hier und knallte dort. Man bemühte sich auch dann, wenn wegen des reichlichen Vorkommens allgemein Fasanen und nicht nur Hähne freigegeben wurden, keine Hennen zu schießen. Man musste ja befürchten, nach dem Schuss auf eine Henne beim nächsten Hahn mit leerer Flinte dazustehen.

Wenn die Treiber die vordere Schützenlinie erreicht hatten, erklang schließlich das Signal „Hahn in Ruh". Man sammelte das Wild – soweit es die Treiber nicht schon getan hatten – ein oder ließ es vom Hund apportieren und begab sich zum Sammelplatz. Hier wurden natürlich sofort die jüngsten Erlebnisse ausgetauscht, bevor es zügig zum nächsten Treiben ging. Je nach Größe konnten so sechs bis zehn Treiben am Tage erledigt werden.

Gesellschaftsjagden aller Art in guter Erinnerung

Wie viele Augenblicke äußerster Anspannung, ehrlicher Freude oder auch persönlicher Enttäuschung konnte man im Laufe eines solchen Jagdtages erleben! Dabei ging es gar nicht nur um gute, schlechte oder Fehlschüsse, es ging auch um die Freude an perfekt vorbereiteten Jagden wie um eindrucksvolle Treffsicherheit der Nachbarn oder die gelungene schwierige Nachsuche eines guten Hundes auf einen geflügelten Hahn. Und immer ging es um die ästhetischen Reize einer bunten Strecke, die am Abend gelegt wurde: Fackeln erleuchteten das Wild, Fackeln erleuchteten die Gesichter von Schützen und Treibern, während die Strecke verblasen wurde und die Signale „Jagd vorbei" und „Halali" erklangen.

Was ist eigentlich fröhlicher als eine Gruppe von Jägern, die sich – voller Erlebnisse aus den vergangenen Stunden – auf diese Weise zu gemeinsamem Mahle am Feuer versammelt hat? Jeder hat Spannendes zu berichten und möchte den anderen daran teilhaben lassen. Ohne dass es jedem Teilnehmer bewusst sein mag, was sich hier abspielt, es ist tatsächlich ein uraltes Ritual. Seit der Steinzeit haben sich unsere Vorfahren nicht wesentlich anders verhalten: Gemeinsam gejagt, Beute gemacht, ein Feuer entzündet, sich daran gewärmt und mit Speise und Trank zu neuen Taten gerüstet.

Kessel auf Hasen

Unter anderen landschaftlichen Voraussetzungen fanden später Hasenjagden auf den abgeernteten Feldern der Börde als Kesseltreiben statt. Sie erhielten ihren besonderen Reiz durch den weiten Blick in die kahle Landschaft, der es jedem Jagdteilnehmer so wundervoll gestattete, ständig das ganze Geschehen zu beobachten.

Als es in der Börde noch flächendeckend reichlich Hasen gab, versammelten sich Jäger und Jagdgäste nach formeller Einladung und jahrelang

Hier zählt der Reiz des Blickes in das weite Land.

geübtem Ritual etwa zwei Stunden vor dem eigentlichen Beginn der Jagd bei den Jagdherren zum Frühstück. Oft bestehend aus mindestens drei Gängen, z. B. Niedersächsische Hochzeitssuppe, Fleischgericht, Nachtisch, Alkohol nur in Maßen.

Heute mag das Frühstück wohl auch schon einmal etwas einfacher, aber doch immer noch sehr reichlich gehalten sein. Danach begibt man sich gestärkt zum Sammelplatz. Es folgen Begrüßung und Bekanntgabe der Regularien. Frühestens um 11 Uhr beginnt das erste Treiben. Kesseltreiben, sorgfältig geplant und schulmäßig organisiert, durch alljährliche Wiederholung im Ablauf perfektioniert. Wo möglich, wird der Kessel von zwei Seiten her gebildet, immer schön im Wechsel werden Schützen und Treiber – so noch vorhanden – auf ihren Weg geschickt. Schon beim Angehen sieht man die Hasen. Hier einen, dort den zweiten, da ist noch einer … Alles spielt sich hier vor aller Augen ab. Es ist eine für einen Waldjäger ganz ungewohnte Form der Jagd. Sobald die Flügel Kontakt zueinander haben, der Kessel damit also geschlossen ist, erschallt das Signal „Das Ganze langsam treiben!"

Alle Schützen und Treiber bewegen sich nun auf einen imaginären Kreismittelpunkt zu. Hasen stehen auf, man sieht sie auf der gegenüberliegenden Seite rollieren, lange danach kann man auch den Knall der Schüsse vernehmen. Überall sieht man Hasen laufen. Wenn einer auf einen selbst zukommt, heißt es ruhig bleiben, warten. Es ist ja kein Problem, einen solchen Hasen zu treffen, er muss nur nahe genug herankommen. Warten, nicht in den Kessel schießen, es ist ja Zeit, wenn er die Schützenlinie passiert hat. Wenn die Jagd am Nachmittag beendet ist, wird Strecke gelegt (früher lagen nicht selten um die 50 Hasen auf der stolzen Strecke). Nach vielen Niederwildjagden geht es am Ende des Tages nach dem Verblasen der Strecke zum Schüsseltreiben in eine Dorfkneipe. Schnell tritt dort bei munterer Unterhaltung und kräftigem Essen eine fröhliche Stimmung ein, meist folgt das geradezu obligate Jagdgericht.

Bei der späteren Heimfahrt mag mancher Nimrod schließlich an den schönen Satz denken: *„Ach, könnt es Herbst im ganzen Jahre bleiben, dann hätt' ich alles, was das Herz begehrt!"*

Seehunde an der Nordsee

Ein silbergrauer Seehund schmückt als Decke einen Beistelltisch in meinem Zimmer. Die Ränder beginnen seit Jahren zu bröckeln, aber ich kann mich von dem guten Stück nicht trennen. Es ist doch die konkrete Erinnerung an eine ganz außergewöhnliche Jagd.

Wir sollten Ende der 1960er Jahre mit einer kleinen Gruppe von Freunden zeitig am Morgen in dem kleinen Hafen unweit von Cuxhaven eintreffen, damit der Kutter mit ablaufendem Wasser auslaufen und die trocken fallenden Seehundbänke rechtzeitig erreichen konnte.

Alles klappte wie am Schnürchen, wir fanden das Boot und gingen nach der herzlichen Begrüßung erwartungsvoll an Bord. Bald darauf hieß es „Leinen los“, und der so typisch ruhig tuckernde Volvo-Penta-Diesel setzte das herrlich nach Teer, Tang und Krabben duftende kleine Schiff in der ersten Morgendämmerung in Bewegung. Wir waren schon weit draußen, als die Sonne rot im Osten am Horizont erschien. Es wurde nur das Notwendigste geredet. Wir waren auf dem Weg zu den Sandbänken, auf denen die Robben ruhen würden, bis das wieder steigende Wasser sie in ihr eigentliches Element zurücktrug.

Die Jagdmethode besteht darin, dass man als Jäger schon auf der Bank sein sollte, bevor die Hunde kommen. Der Kutter fährt möglichst dicht an

Eine Seehunddecke – schon alt und trotzdem immer noch recht ansehnlich

die Bank heran, setzt die erste Gruppe, bestehend aus Führer und ein bis zwei, manchmal auch drei Jägern, im flachen Wasser ab und fährt dann mit einer weiteren Gruppe zu einer anderen Bank. Vor der nächsten Flut werden die Jagdgesellschaften dann (hoffentlich rechtzeitig) wieder eingesammelt. Nach dem Ablegen des Kutters waten die Jäger mit ihrem Führer auf den bereits trocken gefallenen Teil der Bank.

Bei Sonnenaufgang auf dem Weg zu den Seehundbänken

Wir waren an diesem Tag zu dritt: der Führer, ein Freund und ich. Als Lebensälterer sollte ich als Erster schießen. Nach Erreichen der dem Führer geeignet erscheinenden Position legten wir uns etwa 50–60 Meter von der weiter zurückgehenden Wasserlinie entfernt der Länge nach auf den feuchten Sand und warteten, bis die ersten runden Seehundköpfe im Wasser in der Nähe der Bank erschienen. Dann versuchte der Führer, durch robbenartige Bewegungen die Neugier und das Vertrauen der schwimmenden Tiere zu wecken und sie dazu zu bewegen, an Land zu gehen. Das klappte manchmal, aber eine Garantie gab es nicht. Doch es war wie bei so vielen Jagden unglaublich aufregend, auf dem nassen Sand zu liegen, ab und an die auftauchenden runden Köpfe zu sehen, darüber zu spekulieren, ob sie nun eigentlich schon näher gekommen waren oder immer noch weit draußen schwammen und ihre Bank aus sicherer Entfernung misstrauisch beobachteten.

Doch schließlich schob sich ein praller, dicker Hund auf das Land. Man sah es als Laie, das war kein junger, sondern ein alter, nicht schießbarer Hund. Die Decke tauge nichts, hatte der Führer gesagt. Na, dachte ich, wenn die Alten erst da sind, wird es mit den Jüngeren nicht mehr so lange Zeit dauern. Ich schaute schon einmal durch das Zielfernrohr – es war klar und trocken. Ich suchte einen der im Wasser dümpelnden Köpfe, na ja, die zu treffen, wäre wohl mehr ein Zufall als jagdliches Können. Aber auf einen Hund im Wasser durfte man sowieso nicht schießen. Träfe man ihn, er wäre verloren, weil er sofort von der Strömung davongetragen würde. Man bekäme ihn nie. Es machte schon Sinn, dass sie nur auf dem Sand beschossen werden durften. Und selbst dann sollten sie nach Meinung unseres Führers weit genug von der Wasserlinie entfernt sein, weil kranke Hunde natürlich sofort versuchen würden, in das Wasser zu robben. Sie wären ebenfalls verloren, wenn ihnen das gelänge.

Zu dem bereits seit geraumer Zeit auf dem Sand ruhenden dicken Hund gesellten sich schließlich ein zweiter, ein dritter. Es wurden mehr. Der Führer schaute durch sein Glas, 6 x 30, stammt wohl noch aus den Zeiten der Kriegsmarine. Er flüsterte mir zu: „Der dritte von rechts.“ Selbst wenn die Entfernung tatsächlich um 100 Schritt betragen sollte, war der Schuss liegend etwas ungewohnt. Der Hund blieb liegen, während die anderen nach dem Knall schleunigst das Wasser aufsuchten. Der Führer wies uns an, ebenfalls liegen zu bleiben, weil er hoffte, auch noch den zweiten Jäger zu Schuss zu bringen. Das Wasser fiele ja noch längere Zeit, und die Hunde kämen sicher zurück, wenn wir uns nicht erhöben. Er kannte die Hunde. Sie kamen tatsächlich nach einiger Zeit wieder näher und nach weiterem Abwarten endlich auch an Land. So bekam schließlich auch der Kollege seinen Hund.

Ich nahm sozusagen „nur“ noch als Beobachter an der weiteren Jagd teil. Aber es war fast noch spannender, als selber Akteur zu sein. Ja, es war geradezu aufregend, zu wissen, was da geschehen würde und vor diesem Hintergrund Seehunde, Jäger und Führer zu beobachten, während der eigene Hund nun schon ziemlich weit von der Wasserlinie entfernt auf der trockenen Sandbank lag. Auch der zweite Hund rührte sich nach dem Schuss nicht mehr.

Nun endlich durften wir uns erheben, strecken und recken und spürten dabei plötzlich, dass einem trotz der sommerlichen Temperaturen in der Feuchtigkeit und Nässe doch recht kalt geworden war. Wir gingen steif zu unseren Hunden, freuten uns der Beute.

Allmählich wurde uns auch wieder warm. Während die Kleider weiter trockneten, warteten wir zufrieden darauf, dass uns der Kutter mit dem auflaufenden Wasser wieder abholen würde. Der Kutter kam. Wir wateten an Bord und wurden dabei wieder bis zum Schritt nass. Doch wir hatten wie die anderen unsere Seehunde, insgesamt fünf. Während der Rückfahrt wurden sie von den Führern in Windeseile mit großem Geschick abgeschwartet. Die Decken wurden dann über die Bordwand gebreitet, um den einige Zentimeter dicken Speck auf dieser Unterlage besser entfernen zu können. Kadaver und der Speck wurden als Möwenfutter über Bord geworfen.

Allerdings wurden die Lebern vorher entnommen und den Schützen übergeben. Es hieß, Seehundleber sei eine ganz besondere Delikatesse. Mindestens ich glaubte das. Der Kapitän und die Führer hatten so wunderbar glaubwürdige blaue Augen. Als ich am späten Abend wieder zu Hause eintraf, freute sich meine Frau mit mir über die weiche, wundervoll zart gefärbte silbergraue Decke.

Hinsichtlich der Leber war sie dagegen skeptisch. Ich meinte, sie etwas in Richtung von Tran und ungenießbar brummeln zu hören. Doch ich beharrte darauf, dass die Seehundleber eine Delikatesse darstelle und dass ich mich schon jetzt darauf freute, sie am nächsten Tag zum Mittagessen zu genießen. Als ich am nächsten Tag pünktlich auf den Hof kam, lag unser Cocker Agra im Garten vor der Haustür, das war ganz ungewöhnlich. Außerdem stieg mir schon im Garten der Geruch von Tran in die Nase. Ich ging ins Haus und meine Frau servierte die Leber, nahm sich selbst auch ein kleines Stückchen. Ich probierte. Die Leber war sehr fest. Beim ersten Bissen meinte ich noch, ah, die schmecke aber interessant, deutlich anders als Reh-, Rotwild- oder Frischlingsleber. Beim zweiten Bissen machte das Schlucken bereits gewisse Mühe, auf den dritten Bissen habe ich verzichtet. Meine Frau hatte das bereits nach dem ersten getan. Wir waren uns beide wieder einig: Menschen können Seehundlebern – zumindest nach dieser Zubereitungsart – nicht essen.

So entschieden wir, den Rest unserer Cockerhündin zu geben. Sie fraß sonst wirklich alles, aber diese gebratene Seehundleber lehnte sie rundweg ab. Vielleicht ist Seehundleber also doch keine so große Delikatesse. Doch die Seeleute hatten so wunderbar glaubwürdige blaue Augen.

Bockjagd beginnt mit dem Kuckucksruf

Der erste Bock blieb der stärkste

Mit dem ersten Kugelschuss überhaupt erlegte ich als Unterprimaner an einem feuchten Sommerabend einen Rehbock. Er ist bis heute mein stärkster geblieben.

Eigentlich sollte der Abend anders verlaufen. Mein Vater wollte bei Freunden einen Bock schießen, seinen zweiten nach dem Krieg. Er hatte damals noch ein geliehenes ehemaliges Wehrmachtsglas 6 x 30. Das rechte Okular war in Ordnung, die linke Seite wies eine an Milchglas erinnernde Trübung auf. Über der Schulter trug er seine erste Büchse nach dem Krieg, einen umgearbeiteten Militärkarabiner mit sechsfachem Zielfernrohr im Kaliber 8 x 57 IS. Seine früheren Waffen waren den Russen in der fernen Heimat in die Hände gefallen.

Ich durfte ihn begleiten. Wir pirschten hintereinander die Feld- und Wiesenränder ab und wurden dabei von einem kräftigen Gewitter überrascht. Den Regenguss überstanden wir – leidlich trocken – unter einer tief beasteten Fichte. Anschließend pirschten wir auf einem Waldweg durch einen Buchenbestand langsam und vorsichtig voranschreitend weiter. Der Wald dampfte nach dem Regen. Irgendwo rief der Kuckuck. Vor uns zog plötzlich auf einige Entfernung eine Ricke von rechts nach links über den Weg. Es folgte ein weiteres Stück. Der Vater schaute durch sein Glas und meinte, das zweite Stück sei ein älterer Bock gewesen. Dass es sich um einen Bock handelte, hatte ich mit den – damals noch sehr guten – bloßen Augen selber auch erkannt.

Nach der Richtung der beiden Stücke war zu vermuten, dass sie zu einem Luzerne-Schlag an der Waldkante ziehen würden. Mit einem entsprechenden Bogen konnten wir gegen den Wind dorthin gelangen. Wir erreichten schließlich den Feldrand. Eine junge, kaum armstarke Eiche gab ein wenig Deckung. Der Vater schob sich vor – ich blieb zurück, er hob langsam das Glas. Voll Spannung sah ich ihn beobachten, dann das Glas absetzen, die Okulare reinigen, wieder ansetzen. Es dauerte scheinbar eine Ewigkeit, bis er zum Gewehr griff, aber nicht wie erwartet zum Schuss ansetzte, sondern sich zu mir umwandte und fragte, ob ich den Bock schießen wolle. Es sei ein älterer, nach vorn kurz, aber sonst ganz gut vereckter Bock.

Auch wenn ich bis dahin nie mit der Kugel geschossen hatte, habe ich wohl keinen Augenblick gezögert. Vor Aufregung zitternd strich ich an dem Eichenstämmchen an. Das Stechen und Abdrücken hatte ich mit der ungeladenen Waffe heimlich hinreichend geübt, ebenso den Blick durch das Zielfernrohr. Im Prinzip konnte in der Praxis ja eigentlich kein grundlegender Unterschied zum so oft erfolgreichen Schuss mit dem Luftgewehr auf Sperlinge bestehen. So suchte ich den Bock, sein Blatt. Ich weiß nicht, ob ich durch das Feuer gesehen habe. Ich erinnere mich auch nicht daran, ob ich die Augen bereits im Schuss oder erst anschließend geschlossen habe. Aber ich sehe diesen Bock nach dem Schuss immer noch geradeaus flüchten, zuerst Richtung Roggen, dann in Richtung Wald wenden. Auf mein vollkommen niedergeschlagenes „Vorbei ..." höre ich noch heute des Vaters beruhigende, sichere Antwort: „Nein, nein, der hat die Kugel."

Der Bock lag direkt am Waldrand und war längst verendet, als wir nach des Vaters endlos lang erscheinender Zigarettenpause dorthin gekommen waren. Ich blickte auf den Bock, das Gehörn, griff nach Stangen und Rosen, fühlte die starke Perlung, war durch und durch aufgewühlt, aber ich begriff überhaupt nicht, welch starke Trophäe da vor mir als mein erster Bock auf dem Laub zwischen den verblühten Anemonen lag. Bis zur Dunkelheit haben wir neben dem Bock gesessen, geschwiegen, dann wieder erzählt, immer wieder dieselbe Geschichte, die da gerade stattgefunden hatte. Doch der erfahrene Vater hat nicht darauf hingewiesen, wie dick dieser Bock objektiv war. Er ließ mir zu dem völlig überraschenden Erlebnis seiner Erlegung auch noch die Freude, dies ganz allmählich im Lauf der folgenden Jahre selbst zu entdecken und so den Bock Stück für Stück in Besitz zu nehmen.

So hat dieser erste Bock meines Lebens unverändert den Ehrenplatz inne. Mit mir freut sich jeder jagdlich interessierte Freund über sein hohes, starkes und ausnehmend gut geperltes Sechsergehörn. Es ist tatsächlich nach vorn etwas kürzer vereckt als nach oben und hinten – wenn man es konnte, es seit der Kindheit in Pommern geübt und praktiziert hatte, vermochte man auch durch ein halbes Milchglas Böcke richtig anzusprechen. Aber das ist nun lange her.

Jeder Bock hat seine Geschichte

Seither habe ich manchen Rehbock erlegt. Jeder hat seine eigene Geschichte, manchmal gab es ähnliche Situationen, aber nie waren sie genau gleich, immer war es voll neuer Spannungen und immer wieder aufregend. Aber nie gab es Augenblicke, in denen ich den gerade zur Strecke gebrachten an dem ersten Bock maß, um dann wertend festzustellen: Aber der allererste war doch stärker. Stattdessen kann ich mich nun schon ein halbes Jahrhundert immer wieder gerade an diesem ersten

Bock, an diesem allerersten Kugelschuss erfreuen und mich dankbar und freudig der Begleitumstände erinnern.

Trotzdem gibt es immer wieder besonders „weidgerechte“ Jäger, die allen Ernstes meinen, man müsse ganz klein mit einem Knopfbock anfangen und sich erst allmählich hochdienen, weil man sonst schwächere Trophäen überhaupt nicht zu würdigen wisse. Doch ist nach meiner Erfahrung eher das Gegenteil der Fall. Da fragt man sich dann schon einmal, ob diese Herren – beispielsweise bei der Blattjagd – schon einmal erlebt haben, wie spannend es ist, wenn ein vermeintliches „Schmalreh“ langsam und zielstrebig immer spitz von vorn bis fast unter den Hochsitz zieht, man aber trotzdem nicht glauben kann, dass es sich tatsächlich um ein Schmalreh handelt? Kennen Sie die Spannung, wenn man schließlich auf wenige Schritt Entfernung in den Haarwirbeln auf der Schädelplatte ganz kleine blank gefegte Knöpfchen erkennt und Minuten später voll Freude an einem Knopfbock steht? Es geht hier also gewiss nicht um die objektive Stärke oder die Punkte der Trophäe, sondern echt um das Erlebnis. Dennoch kann man hier nicht die Geschichte eines jeden Bockes erzählen. Nur von einigen sei also berichtet.

Der Douglasienbock und ein Schnepfengelege

Da ist jener alte Gabler, den ich als Student in Freiburg nach wochenlangen, vergeblichen Mühen endlich beim Ansitz vom Astquirl einer ziemlich hohen Douglasie aus zur Strecke brachte. Ich sah an den Fege- und Plätzstellen in einer etwa einen bis eineinhalb Meter hohen Douglasienfichtenkultur mit einigem Birkenanflug und Eichenstockausschlag, dass dort ein Bock seinen Einstand hatte. Aber zu sehen bekam ich ihn nie, weder abends noch morgens. Die Kultur war einfach zu hoch. Von der Erde aus war da nichts zu machen. In die angrenzenden Altbestände mit besserer Sicht kam der Bock nicht, wozu auch? Es gab ja in der Kultur hinreichende Äsung. Da weit und breit an geeigneter Stelle keine Kanzel stand, blieb also nichts übrig, als in eine der etwa 70-jährigen Douglasien am Rande der Kultur zu klettern. Das war schon etwas schwierig und auch überhaupt nicht bequem, aber ich hatte von dort oben einen wunderbaren Blick auf die Freistellen in der Kultur. Was vom Rande her wie eine geschlossene grüne Wand aussah, entpuppte sich bei Sicht von oben als so löchrig wie ein guter Schweizer Käse. So dauerte es auch nur zwei Ansitze, bis ich den Bock im Rucksack nach Hause tragen konnte.

Die Erinnerung wird wach an einen ungeraden Sechser, den ich – auch noch in der Studentenzeit – in einer riesigen Buchennaturverjüngung beschossen hatte und der trotz Schweiß und intensiver Nachsuche mit einem angeblich guten Hund unter einem als erfahren bezeichneten Führer nicht zur Strecke gekommen war. Immerhin hatten wir bei der Nachsuche ein komplettes Schnepfengelege mit diesen wundervoll braun gesprenkelten Eiern gefunden.

Eine Woche später wurde auch der Bock gefunden – verludert. Bei der Nachsuche waren wir dreimal bis ganz in die Nähe gekommen und hatten dort mangels Bestätigung der Wundfährte abgebrochen. Ein fader Nachgeschmack blieb stets mit diesem Gehörn verbunden.

Zwei Böcke zum Examen

Der Blick auf einen recht guten Sechser und den etwas über lauscherhohen Spießer an der Wand weckt eine weitere Erinnerung. Ich schoss sie beide am selben Tag. Der Sechser war ein Geschenk des Vaters zum gerade bestandenen Examen, der Spießer fiel als „dringend notwendiger" Hegeabschuss durch mich, als damals noch jungen, unerfahrenen Beobachter und Jäger!

Während ich von der Morgendämmerung bis kurz vor Mittag versuchte, den mit seiner Ricke beschäftigten Sechser auf den großen Wiesenflächen vom Waldrand aus zu erlegen, sah ich noch weiter draußen einen weiteren Bock die ganze Zeit über immer wieder einmal treiben oder andere, suchende Böcke verjagen. Soweit man auf die große Entfernung erkennen konnte, hatte er nicht viel auf dem Kopf, gebärdete sich aber äußerst aggressiv. Typischer „Schad"-Bock, schoss es mir durch den jugendlichen Kopf, dringend notwendiger Hegeabschuss!

Den Sechser bekam ich, als er gegen Mittag von der Wiese in den Wald ziehen wollte.

Nachdem er versorgt war, pirschte ich also – hinter den Koppelpfählen Deckung suchend – langsam in das freie Weideland. Mein „Schad"-Bock hatte sich niedergetan, so kam ich langsam und vorsichtig voran. Schließlich glaubte ich, nah genug zu sein, blieb hinter einem Pfahl stehen und wartete.

Die Zeit wurde lang, irgendwann konnte ich nicht mehr stehen und setzte mich nun auch selbst in das hohe Gras. Doch von da aus konnte ich nicht mehr sehen, was um mich herum geschah. Also stand ich nach einem Weilchen wieder auf – doch die Wiesen waren leer, es gab scheinbar keinen Bock. Das hieß weiter abwarten.

Irgendwann stand plötzlich die Ricke auf, begann zu äsen, zog einige Schritte nach rechts. Dann war auch der Bock hoch, noch ein Blick durch das Glas: Klar, Spießer.

Ein Sechser zum Examen

Am Koppelpfahl angestrichen – der Bock lag im Knall. Alles wunderbar, es konnte nicht besser klappen! Doch wer beschreibt mein Gesicht, als ich beim Nähertreten selbst auf den ersten Blick sah, dass ich hier gerade einen ganz kapital veranlagten Jährling zur Strecke gebracht hatte!?

Um die Situation richtig nachvollziehen zu können, muss man sich vergegenwärtigen, dass Jäger – besonders beim Rehwild – damals noch ernsthaft versuchten, Hege mit der Büchse zu betreiben. Das hieß im Prinzip, erlegt werden die körperlich schwachen, schlecht veranlagten, und dann wieder die reifen, alten Stücke. An jenem Abend schoss ich also den Bock. Nein, es war wirklich mehr als peinlich, einen solch gut veranlagten Jährling zu schießen. Doch dazu musste ich nun stehen.

Zur Strecke kam der Sohn

Jahrzehnte später pirschte ich auf einen besseren Bock. Es ging um einen bekannten, alten und reifen Sechser. Aber der blieb unsichtbar. Stattdessen kam dieser oder jener jüngere Bock, aber eben nie der angekündigte alte Herr. Dann fehlte es mir einige Wochen lang an Zeit. Als ich schließlich wieder einmal hinausfuhr, hatte ein erfahrener Jagdgast „meinen" Bock am Abend vorher gesehen und wieder einmal als den reifen Sechser bestätigt.

Der Bock kam. Er zog auf schätzungsweise 80–90 Schritt quer vor mir bei bestem Licht durch eine etwa meterhohe Eichenkultur, Gehörn und

Haupt meistens gut erkennbar – irgendwo wirkte er vielleicht etwas jugendlich, die Decke wohl ein wenig zu rot, aber der Bock war ja bekannt und angeblich auch alt. Zweifel an der Ansprache der örtlichen Jäger waren nicht angebracht, eine Verwechslung schien ausgeschlossen. Der Slogan „Nur ein totes Reh ist ein gutes Reh" wurde ja erst später in die Landschaft gesetzt.

Dass aber ein anderer Bock um diese Jahreszeit inzwischen das Territorium dieses alten und reifen Sechsers eingenommen haben könnte, durfte nach der wildbiologischen Theorie nicht sein. Viel Zeit blieb auch nicht mehr – also schoss ich treu nach Morgensterns Devise *„Daher schloss er messerscharf, dass nicht sein kann, was nicht sein darf"* den Bock.

Er war natürlich erst dreijährig, recht gut zwar, aber nicht ausgereift und damit für unsere traditionellen Maßstäbe eben falsch! Fünf Jahre hätte er sein sollen, und ich wollte einen reifen Bock, keinen Hoffnungsträger, dessen Zukunft ich vorzeitig beendet hatte.

Kommentar eines offenbar wohlmeinenden Betrachters: *„Aber er hat wenigstens eine saubere Kugel …"*

Doch Freude macht solch ein Bock natürlich wenig. Eher bohrt schon die Frage, warum man denn trotz der gewissen Zweifel doch geschossen hatte. Bei hinreichender Sorgfalt sollte man schon den alten von dem jungen Bock unterscheiden können!

Der „Rotrückige Würger" oder der Weidenbock

Anlässlich eines besonderen Geburtstages hatte mich Freund J. L. auf einen besseren Sechserbock eingeladen. Er hatte ihn auch selbst ausgesucht, mehrfach bestätigt und mich persönlich eingewiesen.

So saß ich an einem sonnigen, nahezu windstillen Juniabend auf dem sogennanten Baumsitz, um mich herum Wiesen und Weiden, Koppelzäune und einzelne Weidenbüsche. Noch regte sich in den Wiesen nichts. So hatte ich Muße, dort einen Bussard oder hier einen Wiesenpieper zu beobachten. Schließlich erkannte ich etwas nach rechts den Rücken eines Stückes Rehwild. Was mag es sein? Als der Kopf einen Moment lang aus dem hohen Gras herausragte und damit sichtbar wurde, war es ein weibliches Stück, ob Ricke oder Schmalreh, war so schnell nicht zu erkennen. Die Spannung begann zu steigen, würde sich dort bald auch der Bock erheben? Wenn ja, konnte es schwierig werden, weniger der Entfernung als vielmehr des hohen Grases wegen. Aber der Bock stand nicht auf.

So begann ich, auch die weiter entfernten Wiesen systematisch mit dem Glas abzusuchen: dort stand noch ein weibliches Stück, da saßen auf dem frisch gemähten Teil zwei Hasen. Dann erschien auf dem obersten Draht des Koppelzauns ein Rotrückiger Würger – ich hatte lange Zeit keinen dieser prachtvoll gefärbten Vögel mehr gesehen. Aber hier erschien das Braun auf seinem Rücken in der Abendsonne jetzt so rot wie die Farbe der Sommerdecke eines Rehes. Ich war von dem Vogel fasziniert, sah durch das Glas zu, wie er kurz in die Wiese hinabstieß, um dann schnell wieder seinen erhöhten Ausguck auf dem Stacheldraht einzunehmen. Das Glas blieb faktisch an dem schönen Vogel haften, obwohl ich auf die doch recht weite Entfernung Details nicht erkennen konnte. Trotzdem schaute ich immer wieder dorthin. Weitere Rehe hatte ich bisher nicht entdecken können.

Doch dann erfasste ich hinter dem Würger in der hohen Wiese eine Bewegung – Bock, Sechser, hoch – das musste der Gesuchte sein. Er kam optisch gewissermaßen hinter dem Vogel hervor. Ich hätte ihn nie so früh gesehen, wenn ich nicht den Vogel permanent im Glas gehabt hätte.

Nun brauchte ich nur zu schauen, ob dieser Bock mit der Beschreibung übereinstimmte, doch an einen Schuss war zunächst nicht zu denken. Die Entfernung war noch zu groß, außerdem stand das Gras dort so hoch, dass man nicht darauf hoffen konnte, das Blatt freizubekommen. Also hieß es warten, bis der Bock auf die näher liegende, bereits für Silage gemähte Wiese ziehen würde. Die Richtung hatte er. Schritt für Schritt kam „mein“

Es war der Sohn oder Enkel

Im hohen Gras

Bock näher, schlüpfte unter dem Zaun hindurch und stand schließlich breit. Ich konnte bequem sitzen und gut auflegen.

Auf den Schuss war ein dumpfer Kugelschlag zu hören. Der Bock zog mit krummem Rücken einige Schritt und tat sich dann nieder, verschwand optisch im hohen Gras. Die Uhrzeiger wiesen auf halb acht, die Sonne schien noch angenehm warm. Damit war für mich im Augenblick nichts weiter zu machen. So wartete ich ein Weilchen, baumte ab und ging zum Wagen, um den Bock später von dem Weg auf der gegenüberliegenden Seite der Weide aus bequemer bergen zu können.

Auf der Fahrt dorthin kam mir der Freund entgegen; so gingen wir gemeinsam zum Anschuss. Der Bock sollte inzwischen verendet sein, wir nahmen aber vorsichtshalber doch eine Waffe mit. Und dann standen wir fröhlich vor einem guten und vor allem reifen Bock. Dem Freund sei immer noch ganz herzlich Dank.

Ein „dicker" Schwede – „Beifang" auf der Elchjagd

Im ersten Treiben des Tages stand ich auf der Elchjagd in Schweden in einem lockeren Kiefernbaumholz. Der Stand war etwas erhöht auf einem leichten Moränenhügel, vor mir fiel das Gelände sanft ab. In der Senke vor mir wurde die Beerkrautvegetation durch Porst abgelöst, einzelne Birken standen zwischen den Kiefern. Dahinter lag ein kleines Moor. Es war ein windstiller, kalter, aber sonniger Oktobermorgen. Schöner konnte der Wald nicht sein.

Zunächst passierte nichts. Ich hörte nichts, und ich sah nichts – nur kalt war es im Bestandesschatten. Nach einiger Zeit begann der Raureif an den Birkenzweigen in den wärmenden Sonnenstrahlen zu tauen. Der Wald fing hier und dort an zu dampfen. Wie oft hatten wir an solchen Morgen Birkhähne kollern hören – doch das war heute nicht der Fall. Dafür wurde diesmal nach langer Zeit des Wartens und Lauschens sehr entfernt und zunächst noch undeutlich und immer wieder unterbrochen Hundelaut vernehmbar. Dann kehrte wieder Ruhe ein. Es war nicht festzustellen, ob der Laut näherkam, sich zum weit entfernten linken oder rechten Nachbarn hin bewegte.

Alle Sinne waren in dieser Lage auf das Äußerste angespannt, und dann glaubte ich plötzlich im Gegenlicht in der Porstpartie eine Bewegung gesehen zu haben. Nein, da war nichts – ich musste mich getäuscht haben. Minuten vergingen – es herrschte die große Stille der Wälder. Doch dann wehte, im Gegenlicht der Sonne unübersehbar, hinter einer Kiefer Atemhauch hervor. Einmal, zweimal – mehrmals – dann wieder nichts mehr. Es war kein Zweifel möglich, hinter dem Stamm der Kiefer musste ein Stück Wild verhoffen. Ein Elch? Nein, ausgeschlossen, dazu war die Kiefer nicht dick genug, einen Elch müsste man auf die relativ nahe Entfernung von vielleicht 60–70 Schritt sehen. Also wahrscheinlich ein Reh – und Rehe waren auf dieser heutigen Jagd entgegen aller sonstigen Regel frei. Wieder kam ein Atemhauch deutlich sichtbar hinter der Kiefer hervor, aber dabei blieb es.

Dann war in der Ferne erneut Hundelaut zu hören. Nur nicht bewegen, sondern warten, irgendwann musste da ja etwas geschehen. War es wirklich ein Reh? Würde ich ansprechen und dann möglicherweise auch noch schießen können? Eigentlich sollte es klappen. Die Entfernung war nicht groß, zwischen den Kiefern gab es Platz. Doch Probleme könnte es geben, wenn das Stück durch den Porst in guter Deckung weiterziehen würde. Die niedrigen Sträucher waren doch so hoch, dass ich kaum das Blatt frei bekommen würde. Aber es kam alles ganz anders. Plötzlich kam zuerst ein ganz hohes Gehörn hinter der Kiefer hervor, der Bock erschien viel tiefer, schien kaum dazuzugehören. Der Wechsel führte genau auf mich zu. Ich schoss auf den Stich, aber der Bock brach nicht im Schuss zusammen, sondern zeichnete deutlich und war im nächsten Augenblick im Porst verschwunden. Hm. Was nun? Abwarten.

Es dauerte lange, bis N. B. nach dem Schuss zu mir kam. Zu der Zeit hatten noch nicht alle Jagdteilnehmer ein Funkgerät, so dass Kommunikation noch wie zu Olims Zeiten vonstattenging. Ich verwies den Anschuss – Schnitthaar und Schweiß, aber kein Bock. Ich glaubte eigentlich gut abgekommen zu sein, aber das Ziel spitz von vorn ist ja nicht sehr groß. Der Hund zog durch den Porst nach links, ganz energisch und heftig, aber es gab keine Pirschzeichen. Nach einem großen Bogen kam der Freund zurück – leider ergebnislos. Unverständlich, denn ich hatte den Bock sicher zeichnen sehen, und der Schweiß und das Schnitthaar hatten ja auch einen Ursprung. Außerdem ist ja der Schuss spitz von vorne fast immer sofort tödlich, wenn er denn da sitzt, wo er hingehört. Und hier waren die Pirschzeichen jedenfalls verheißungsvoll.

Doch dann kam die Auflösung. Während wir noch am Anschuss nach möglichen Knochensplittern suchten, hatte der inzwischen eingetroffene Freund G. den Bock wenige Meter vom Anschuss entfernt in dem dichten Porst längst verendet gefunden.

Das war nun wirklich ein alter und reifer Bock. Ungerader Sechser, alle Kriterien passten: Stangenstärke, Rosen, Perlung, und die Stangenlänge war selbst für schwedische Verhältnisse wirklich respektabel!

Es war natürlich ein „Zufallsbock", aber es war so unglaublich spannend, wie immer wieder der Atem hinter der Kiefer hervorkam, so ewig lange Zeit nichts geschah, und ich doch genau wusste, irgendwann würde sich das Stück bewegen. Ich durfte nur selber keinen Fehler machen – und hatte am Ende eine reife Trophäe!

Blattzeit – Rahmenbedingungen

Eigentlich sollte man Rehböcke nur in der Blattzeit jagen – nur selten ist es sonst so spannend wie in dieser Zeit. Ich weiß, die Wildbiologen meinen, man müsse Jährlinge früh, gleich nach Aufgang der Jagdzeit erlegen. Einverstanden. Doch das verstehe ich eigentlich nicht unter Bockjagd.

Ich weiß auch, dass der Ansitz in den Sommermonaten seine großen Reize hat, und möchte die warmen Abende oder auch den einen oder anderen Sommermorgen nicht missen. Aber richtig spannend wird es erst in der Blattzeit, wenn die Böcke sich bewegen, suchen und wirklich auch auf das Blatten springen. Blatten, warten, beobachten, und wenn es sich ergibt, schnell handeln, das ist für mich Bockjagd. Es funktioniert ja auch nicht immer, aber auch das gehört zum Handwerk.

Doch sind für den Erfolg vor allem zwei Dinge besonders wichtig: Zeitpunkt und Sichtverhältnisse. Über die Blattjagd sind ganze Bände an Beiträgen geschrieben worden. Sie vermitteln Ratschläge zu den Instrumenten, zur Tonfolge, zu den zeitlichen Abständen zwischen den verschiedenen Tönen bis hin zu den „unbedingt richtigen“ Kalibern.

Tatsächlich sind aber vor allem der Zeitpunkt und der eigene Standort bei der Blattjagd für den Erfolg entscheidend. Beides sind nun wahrhaft keine neue Erkenntnisse und schon von den Altvorderen in der Literatur immer wieder beschrieben worden. Trotzdem oder gerade deswegen wundert man sich, wenn man immer wieder „erfahrene“ Rehwildjäger trifft, die ganz begeistert davon erzählen, dass ihnen schon Anfang oder Mitte Juli ein Bock, besser noch ein alter Bock, auf das Blatt gesprungen sei. Natürlich kommt das vor, aber genauso natürlich springen um diese Zeit keine alten, sondern fast ausschließlich Jährlinge und andere junge Böcke.

Ich bin überzeugt davon, dass man selbst erst aktiv werden sollte, wenn das eigentliche Brunftgeschehen im Prinzip schon zu Ende ist – also nicht vor den ersten Augusttagen. Um den 4. bis 6., manchmal bis zum 10. August liegen die wahrhaft heißen Tage! Ob man dann mit dem Buchenblatt, den käuflichen Instrumenten oder den eigenen Lippen fiept, erscheint mir ziemlich zweitrangig, wenn es nur leidlich naturgetreu klingt.

Neben dem Zeitpunkt ist für den Erfolg die Wahl des Platzes, von dem aus man blattet, von ausschlaggebender Bedeutung. Selbstverständlich muss man den Wind sehr sorgfältig beachten, und immer gilt auch bei Berücksichtigung solcher Prämissen die Devise: Sicht geht vor Deckung!

Man kann eigentlich im Wald wie im Feld ziemlich sicher sein, dass der Bock nur ausnahmsweise über die freie Fläche kommt. In aller Regel wird er sich unter Ausnutzung jeder Deckung nähern, manchmal ganz langsam und vorsichtig, manchmal in Sprüngen, so dass man ihn schon von relativ weiter Entfernung hören kann. Abstand zur nächsten Deckung ist deshalb bei der Blattjagd besonders wichtig. Wo dieser gewährleistet ist, erscheint die Frage, ob nun Kanzel, niedriger Ansitzbock oder auch ein Schirm die beste Alternative sind, zweitrangig. Dennoch ziehe ich immer noch den erhöhten Sitz vor, weil man dort der Hauptblickrichtung des Wildes enthoben ist und selbst in aller Regel die bessere Übersicht hat. Abhängig vom Gelände und den konkreten örtlichen Verhältnissen können aber alle

„Beifang" auf der Elchjagd

Zu jung, nicht schießen – älter werden lassen!

drei Varianten sinnvoll sein – sie müssen nur hinreichend Platz und Bewegungsfreiheit bieten. Deswegen sind enge Leitern, auf denen man eingezwängt mit Blick in Richtung geradeaus sitzen muss, nur bedingt tauglich. Noch weniger sinnvoll ist es, sich einfach hinter einen Baum zu stellen – es wird nur in den seltensten Fällen gelingen, den springenden Bock zu strecken, meistens wird er den Jäger mitbekommen und – buchstäblich verblattet – rechtzeitig das Weite suchen.

Die Sicht bleibt also der ausschlaggebende Faktor. Ist hinreichend Sicht gegeben, kann man zum Ansprechen das Fernglas verwenden, meistens muss jedoch das Zielfernrohr genügen. Wenn man im Schirm auf der Erde sitzt, ist das eigentlich ohnehin die bessere Lösung.

Ob es eine optimale Tageszeit für das Blatten gibt – ich bin nicht sicher. Ich habe es ohne und mit Erfolg morgens, am Vormittag sowie vom späteren Nachmittag bis kurz vor der Dämmerung versucht. Die Böcke sind zu allen Zeiten gekommen oder ferngeblieben. Manchmal tat sich am Nachmittag überhaupt nichts, während bei der Wiederholung am frühen Abend dann plötzlich am selben Platz am selben Tag ohne erkennbaren Witterungsumschwung zwei Böcke gleichzeitig sprangen!

Wenn man versucht, hier eine Regel zu finden, fühlt man sich – wie bei der oben erörterten Frage, wann die Schnepfen streichen – wieder an Fischer erinnert: Die einen wissen ganz genau, dass die Hechte bei anziehendem Gewitter besonders gut beißen, die anderen meinen, das gelte vor allem nach dem Gewitter – wieder andere behaupten, die Hechte bissen bei abnehmendem Mond usw. Ich habe alles probiert und bin zu dem Ergebnis gekommen: Man muss mit dem Boot auf das Wasser hinausrudern und den Blinker auswerfen. Dann weiß man bald, ob sie beißen oder nicht.

Nicht ganz so krass ist es wohl bei den Böcken, aber auch bei ihnen ist es immer wieder spannend, gibt es immer wieder Überraschungen und unvergessliche Stunden bei der Blattjagd. Die Böcke an der Wand erzählen ihre jeweilige Geschichte. An einige sei hier erinnert:

Vor dem Konzert

Es war in den Tagen der Sommerlichen Musiktage Anfang August. Vor dem Konzert waren meine Frau und ich bei einem älteren Freund zum Tee eingeladen. Danach sollte es noch schnell auf einen Rehbock gehen. Es war ja Blattzeit. So fuhren wir am späten Nachmittag rasch noch einmal durch die Felder und Knicks. Der Weizen stand noch auf dem Halm. Es war ein herrlicher Hochsommertag, blauer Himmel, einige Kumulus-Wolken, angenehme Temperatur. Wir guckten hier und beobachteten dort, ich stieg auf diese Leiter und jene Kanzel, hatte auch einmal ein junges Böckchen herangeblattet, aber nichts, das passte, entdecken können. Wieder fuhren wir weiter.

Ich kletterte auf den nächsten Ansitz. Nichts. Doch plötzlich sah ich die Getreidehalme wackeln und „ahnte“ darunter ein Stück Rehwild. Schnell zweimal kurz gefiept – schon stand der sofort als älter anzusprechende Bock auf 70–80 Schritt frei auf einer Stelle Lagerkorn. Im selben Augenblick hatte die Kugel den Lauf verlassen. Der Bock hat den Knall nicht mehr gehört. Alt war er und reif dazu.

Es war gerade noch Zeit, ihn zu versorgen und hinterher ein Glas Sekt zu trinken, bevor wir uns umkleiden mussten. So wurde es ein unvergessliches Sommerkonzert.

Und trotzdem blickten wir in der Pause von dem hohen Westufer der Elbe in gedrückter Stimmung über den Strom auf das damals noch abgetrennte, weite Mecklenburger Land. Es war noch die Zeit des geteilten Deutschlands.

Der Spießer von der „Schönen Aussicht"

Diesen alten Spießer schoss ich erst um den 10. August. Die Kanzel nennen wir sehr zutreffend die „Schöne Aussicht". Es ist ein Lieblingsplatz, besonders, wenn man nichts Konkretes vorhat und es windstill ist. Sonst hält man es dort oben kaum aus, weil die Winde aus allen Himmelsrichtungen ungehindert Zutritt haben. Doch bei entsprechender Witterung kann man das ganze Jahr über dort sitzen und die Jahreszeiten kommen und gehen sehen. Aber es gibt wenig Schöneres, als an einem leicht dunstigen Hochsommerabend dort oben zu sitzen und zuzusehen, wie der Tag zur Neige geht, die Konturen der gegenüberliegenden Berge allmählich verschwimmen und sich in der Dämmerung auflösen.

Den Bock hatte ich an einem Herbstabend im vergangenen Jahr zum ersten Mal gesehen. Er kam aus einem Loch im Buchengatter und zog dicht an mir vorbei – ohne Frage alt, lange und hohe Spieße. Er zog in den angrenzenden Eichenbestand. Später, als die Kraniche schon vorbeigezogen waren, sah ich ihn vermutlich noch einmal wieder, aber da er bereits abgeworfen hatte, war ich nicht ganz sicher. Trotzdem war es der Abend, an dem ich ihn mir für das kommende Jahr vormerkte. Doch zunächst kam der Winter. Schnee und Kälte würden diesen Bock wenig stören, wenn er im Schutz der Dickungen Knospen und Kräuter äsen und von seinem Depotfett zehren konnte. So sollte er eigentlich das kommende Frühjahr erleben. Tatsächlich kündigten im April frische Fege- und Plätzstellen von seiner Existenz.

Doch den Sommer über bekam ich den Bock nicht zu sehen. Ich versuchte es, wann immer Zeit war, morgens, mittags, abends. Aber immer ergebnislos. Zweimal kam ein Bock, aber nicht der ersehnte. Es war wie verhext, aber eben so, wie es auf der Jagd zugeht. Fast kamen dann schließlich doch auch Zweifel auf, ob es denn diesen Bock überhaupt noch gäbe.

Um den 10. August saß ich schließlich wieder auf der „Schönen Aussicht" – es regte sich nichts. Die Feistzeit hatte begonnen, doch die Blattzeit war noch nicht ganz zu Ende. So begann ich – eigentlich ohne selbst an eine

Wirkung zu glauben – mit den Lippen auf dem Handrücken zu fiepen, einmal, zweimal, ach, noch ein drittes Mal, dann Pause.

Es mochten danach wohl 20 Minuten vergangen sein, als plötzlich dieses graue Haupt aus der Buchennaturverjüngung direkt zu meiner Kanzel äugte. Reglos und unbeweglich, ich wusste nicht, wie lange schon; ich wusste auch nicht, wieso ich ihn jetzt plötzlich sah, obwohl er sich in dem sinkenden Licht von den umgebenden Jungbuchen kaum abhob. Aber es war auf diesen ersten Blick klar: Da steht er! So verhalten sich alte Böcke, so sehen alte Böcke aus, jetzt nur nicht bewegen!

Wenig später begann der Bock, auf mich zuzuziehen. Als er spitz von vorn näher kam, erschien er plötzlich wieder so grazil, dass Erinnerungen an den Bock vom 16. Mai aufkamen. Sie wurden beiseite gewischt, dieses Mal war keine Verwechslung möglich. Doch ich konnte den Schuss nicht loswerden.

Schließlich verhoffte er fast unter der Kanzel, nur wenige Schritt neben der Leiter, warf plötzlich auf und sprang ab in Richtung eines schützenden Fichtenhorsts. An dessen Rand verhoffte er abermals, breit, und im selben Augenblick fiel der Schuss. Diesmal gab es keine Enttäuschung.

Und das ist doch kein Jährling!

Der Erlenbock

Schließlich ist auch noch vom Erlenbock zu berichten. Wahrscheinlich kannte ich ihn seit Jahren, habe ihn doch stets pardoniert, weil ich ihn für einen jungen Zukunftsbock hielt, der immer noch ein oder mehrere Jahre älter werden sollte.

Doch in diesem Jahr zog er, nachdem ich geblattet hatte, langsam und von den Himbeeren naschend von Osten her durch die Büsche – wieder hielt ich ihn zunächst für einen jungen Spießer, der richtig gut zu werden versprach!

Doch dann schien die Sonne einen Augenblick lang in schrägem Winkel auf das Haupt. Die Entfernung war nur gering, vielleicht 50 Schritt. Jetzt waren die weite Stangenstellung in der Basis ebenso wie die tief und schräg sitzenden Rosen deutlich zu erkennen. Das Haupt schien auch etwas breiter.

Damit wurde mir allmählich klar: Dies war tatsächlich ein schon so alter Bock, dass er auf den flüchtigen Blick wie ein Jüngling wirkte, aber eindeutig alt sein musste.

Nach dem Abkochen zeigte sich: Der Bock war nach dem Zahnabschliff mindestens 5–7 Jahre alt, wenn nicht noch älter.

Ohne den Blick auf die Rosen und die auffallend weite Stangenstellung hätte ich ihn – wie vermutlich schon in den Vorjahren – wieder einmal als zu jung pardoniert.

Blattjagd mit Freunden

Besondere Freude machte mir die Blattjagd vor allem auch dann, wenn ich sie zusammen mit Freunden ausüben konnte. Dabei waren wir zu dritt ein eingespieltes Team: Einer, nennen wir ihn Meister L., bestimmte die Plätze, von denen aus geblattet wurde, der andere, er werde der Oberjäger H. genannt, blattete mit dem Buchenblatt, und zwar so vollendet, dass die Böcke – im Gegensatz zu meinen eigenen Fähigkeiten – bei nahezu jedem Wetter sprangen. Ich selber führte die Waffe.

Wir begannen meistens am Nachmittag. Zuerst lud uns der Meister auf einer breiten Trift, einem mit einer uralten Birkenallee gesäumten Sandweg, ab und wies uns den Pirschsteig zu einem Ansitzbock auf einer kleinen Anhöhe in einem Kiefern-Fichten-Mischbestand mit einzelnen Naturverjüngungshorsten. Man hatte einen wunderbaren Überblick – kurz, es war der ideale Platz zum Blatten. Wir warteten ein Weilchen, bis alles etwa in der Nähe befindliche Wild, das uns beim Anmarsch mitbekommen haben könnte, sich wieder beruhigt hatte.

Dann zupfte mein Oberjäger ein Buchenblatt aus seinem mitgebrachten Zweig und begann zu fiepen. Die Sonne schien stellenweise in den Bestand, die Töne klangen für mich wunderbar, die Plätzstellen am Pirschsteig waren nicht zu übersehen gewesen und verhießen viel Gutes. Der Wind konnte nicht besser sein. Nur der Bock kam nicht.

Da half auch nicht die Erinnerung daran, dass im vergangenen Jahr ein wirklich reifer, alter Herr schon auf die ersten Laute gekommen war. So warteten wir eine gute halbe Stunde, um dann abzubrechen und uns am verabredeten Treffpunkt vom Meister abholen zu lassen.

Er fuhr uns nun zu einer Kanzel am Waldrand mit Blick auf einen riesigen Roggenschlag, in dem wir Rehwild vermuteten. Der Freund zauberte wahrhaft hinreißende Töne aus seinen Buchenblättern, aber es passierte wieder einmal gar nichts. So hatten wir Zeit, den vor uns liegenden Schlag zu betrachten, überall waren die Schwarzwildwechsel zu erkennen, hier und dort gab es Lagerkorn – nur kein Rehwild. Wiederum brachen wir nach einer guten halben Stunde ab, ließen uns an einen weiteren Platz bringen.

Schon mit gewissen Bedenken suchten wir nun einen niedrigen Bock, mitten in einem Kiefernstangenholz mit unterständigen Fichten, auf. Keine gute Sicht, aber wir wollten es trotzdem versuchen. Nach einer Viertelstunde erklangen die ersten Töne – Fiep – Fieup … Der Freund beobachtete die Ost- und Südseite, ich hatte Norden und Westen im Auge. Es war sehr ruhig und still im Walde, nichts schien sich zu regen. Wir warteten, das Gewehr im Halbanschlag. Noch einmal erschallten die süßen Töne. Kaum war hinter der 20 Schritt entfernten, bis zum Boden beasteten Fichte eine Bewegung zu erahnen, da sprang der Bock auch schon mit einem kurzen, tiefen „Böhh“ ab. Wir sahen uns an, alt, jung? Die Frage blieb ohne Antwort, aber wir hatten beide das Gefühl, dass er ziemlich hoch auf hatte.

Zu dritt beratschlagten wir, wo die Fortsetzung folgen sollte. Schließlich entschieden wir, in Anbetracht der inzwischen schon ziemlich fortgeschrittenen Tageszeit, es noch einmal an der Feldkante zu versuchen. Zur Vermeidung von Störungen durch Fahrgeräusche legten wir die letzten 500 Meter zu Fuß zurück, der Freund mit dem PKW wollte uns nach Schwinden des Büchsenlichtes wieder aufnehmen, falls bis dahin kein Schuss gefallen sein sollte.

Kurz vor der Kanzel zog eine Ricke aus dem Wald in den Roggen. Sie bekam uns nicht mit, zwang uns aber, nun besonders vorsichtig zu pirschen. Schließlich schoben wir uns zentimeterweise nacheinander die Leiter hinauf – die Ricke äste inzwischen keine 100 Schritt entfernt auf einer Stelle Lagerkorn. Wir schafften es, geräuschlos Platz zu nehmen. Die Ricke verschwand allmählich im stehenden Getreide.

Endlich wagte es der Freund, ein neues Blatt von seinem Buchenast zu zupfen und die ersten Fiep-Laute erschallen zu lassen. Die Reaktion ließ nicht lange auf sich warten: Bei der zweiten oder dritten Strophe kam die Ricke in langen Sprüngen direkt auf die Kanzel zu! Wir verhielten uns regungslos und hofften, dass jetzt bloß kein Brett knarrte! So beruhigte sich das Stück vor uns bald wieder, wendete und zog erneut hinaus in den Roggen. Irgendwann glaubten wir, lange genug gewartet zu haben. Der Freund griff abermals zu seinem Buchenzweig und pflückte ein frisches Blatt ab. Wieder erklang das „Fiep – Fieup … “, wieder dauerte es nur Sekunden, und abermals kam die Ricke angesprungen.

Doch gleichzeitig hörten wir auch hinter uns ein kurzes „Bö“. Da gab es überhaupt keinen Zweifel, hinter uns im Bestand musste ein Bock stehen, dem irgendetwas sehr missfiel. Hatte er eine Bewegung auf der

Kanzel oder einen Hauch von unserem Wind mitbekommen? Schon versuchte ich, die Waffe auf den hinteren Kanzelrand zu schwenken – es zog sich eine schmale Schneise senkrecht von uns in den Bestand hinein. Sie war ziemlich zugewachsen und bot alles andere als ein ideales Schussfeld.

Da hörte man ein erneutes kurzes Schrecken deutlich weiter links, also näher an dieser Linie. Der Wind war jetzt echt ungünstig. Ich ging in den Anschlag und beobachtete die Schneise durch das Zielfernrohr. So hatte ich den Bock im Glas, als er auf der Linie – etwas durch Zweige und Äste verdeckt – erschien. Unter diesen Bedingungen musste der allererste Eindruck für die Ansprache genügen. Passt, schoss es mir durch den Kopf, und schon hatte die Kugel den Lauf verlassen. Im Schuss war der Bock nach links, also in Richtung seines Ziehens, verschwunden – wir sahen nichts und hörten nichts. Nur die Ricke schreckte jetzt zweimal und sprang dann tiefer in den Roggenschlag hinein.

Wir warteten ein wenig, der Meister kam mit dem Wagen herbei. Zu dritt suchten wir zunächst den Anschuss und fanden gleich darauf den Bock. Es war ein drei- bis vierjähriger, kaum vereckter Sechser mit eher mäßig starken Stangen. Als wir ihn schließlich aufgebrochen und im Auto verladen hatten, war es schon beinahe dunkel.

Im Jahr darauf begannen wir wieder mit dem Ansitzbock in dem Kiefern-Fichten-Mischbestand auf der Anhöhe. Die Naturverjüngungshorste waren deutlich größer und höher geworden, aber sonst war alles wie im Jahr zuvor: Der Oberjäger blattete, der Wind war hervorragend, die Sicht ebenso, aber der Bock war auch in diesem Jahr nicht zu Hause.

So fuhr uns der Meister diesmal in ein weiträumiges Buchenaltholz mit stellenweise etwas Buchen-Ahorn-Naturverjüngung. Die Kanzel stand an einem Fahrweg mitten im Bestand, hatte auf der Nordseite eine recht geräumige Veranda, war selbst allerdings ziemlich eng und geschlossen. Kleine Fenster in östlicher, südlicher und westlicher Richtung ermöglichten zwar gewisse Ausblicke, boten aber für das wechselvolle Geschehen auf der Blattjagd nicht genug Bewegungsspielraum. So nahmen wir auf dem Vorbau – so gut es ging – nebeneinander Platz und hofften, dass der Bock nun nicht gerade aus der uns durch die Kanzel verbauten südlichen Richtung anwechseln würde.

Diesmal kam er von Nordwesten, mit dem Wind. Wir sahen es beide sofort – ein Jährling mit Spießchen noch nicht einmal bis zur halben Lauscherhöhe. Er brach mit dem Schuss spitz von vorn im Knall direkt am Wegesrand zusammen. Beim Aufbrechen ergab sich zu unserer Freude, dass die Kugel kaum Zerstörungen im Inneren angerichtet hatte. Der Meister kam mit dem Wagen, das Böckchen war schnell verladen.

So fuhren wir nun wie im vergangenen Jahr zu der Kanzel an der Feldkante. Das Feld war in diesem Jahr mit Kartoffeln bestellt. Sie standen gut. Die Sauen hatten wohl den E-Zaun respektiert, jedenfalls konnte man von unserem Ausblick aus keine Wildschäden erkennen. Unsere rückseitige Schneise war nun frei gehauen. Auf der schräg gegenüberliegenden Seite äste auf ca. 300–400 Schritt Entfernung eine Ricke.

Und wieder zupfte mein Oberjäger sein Blatt von dem Buchenzweig und schickte seine wundervolle Melodie in den Sommerabend. Irgendwo hörte man darauf einen Bussard rufen, die entfernte Ricke warf kurz auf, aber sonst blieb alles ruhig und still. Erst beim zweiten und dritten Versuch sah man auf ziemlich weite Entfernung in westlicher Richtung am Wald-Feld-Rand die Decke eines Stücks Rehwild, dann Keulen und einen Teil des Rückens. Müsste eigentlich ein Bock sein. Die Keulen blieben an derselben Stelle, der vordere Körperteil war durch die herabhängenden Äste der Randbäume nicht zu erkennen. Es schien uns eine Ewigkeit zu dauern, bis sich das Stück wendete und als schießbarer Bock anzusprechen war. Im Schuss war er sofort hinter den Zweigen verschwunden. Gefehlt? Wir wussten es beide nicht, aber allein das unmittelbare Abspringen war eigentlich schon Hinweis genug.

So warteten wir nicht, sondern baumten ab und gingen zum Anschuss. Dort lag der Bock eine Flucht entfernt. Während wir noch mit dem Aufbrechen beschäftigt waren, kam unser Meister mit dem Wagen herbei. Als auch dieses Stück versorgt war, kehrten wir vergnügt zum Abendessen in der nächstgelegenen Kneipe ein.

Den dritten Bock holten wir uns in derselben Besetzung am folgenden Nachmittag. Die Kanzel stand zwischen einem Kiefernaltholz mit hohem Beerkraut und einigen unterständigen, tief beasteten Buchen und einem nach Westen angrenzenden lockeren Kiefern-Stangenholz mit Himbeeren und Drahtschmiele als Bodenbewuchs.

Nachdem wir beim Angehen das Altholz ganz sorgfältig immer wieder mit den Gläsern abgesucht und nichts gesehen hatten, vermuteten wir das Rehwild in dem Stangenholz. Aber auch dort war nichts zu entdecken. Dennoch war klar, vom Biotop her musste hier Rehwild stecken, ein Bock konnte aus allen Himmelsrichtungen kommen. So setzten wir uns Rücken an Rücken auf die offene Kanzel, um einen besseren Rundumblick zu haben.

Wir beobachteten unsere Umgebung, während wir die ersten 15 Minuten verstreichen ließen. Es war wieder ein herrlich warmer und sonniger Augusttag. Der Wald roch nach Nadeln und Harz – wie eben Kiefernwälder duften.

Dann griff mein Jäger zu seinen frischen Buchenblättern. Er hatte sie kaum zur Seite gelegt, als er mich auch schon anstupste und in das Altholz wies. Tatsächlich, aus südöstlicher Richtung kam der Bock. Ich musste mich umdrehen. Das ging, noch war der Bock weit genug entfernt, aber er kam in ziemlich flottem Troll näher. Schnell waren wir beide der Meinung: Passt. Ich hatte ihn immer irgendwie im Zielfernrohr, aber nie so, dass ich abzudrücken wagte. So kam der Bock geradezu stürmisch näher – es war nichts zu machen, bis er schließlich fast unter dem Hochsitz, halb verdeckt von den Zweigen einer unterständigen Birke, kurz verhoffte. Im selben Augenblick fiel der Schuss, der Bock ging ab. Wir sahen es beide: Der Schuss saß zu tief.

Also schnell nachladen, um ein zweites Mal zu schießen. Während ich noch vergeblich versuchte, den mittlerweile ziemlich weit entfernt mit krummem Rücken verhoffenden Bock mit dem Zielstachel zu finden, zischte der Freund: „Knopfbock von links!" Doch war ich im Augenblick noch mit dem kranken Bock beschäftigt. Ehe ich den zweiten Schuss auf das kranke Stück loswerden konnte, tat es sich aber schon nieder und war nun überhaupt nicht mehr zu sehen. Dieser Bock war jedenfalls schwerkrank und würde schnell verenden.

Also wandte ich mich nun dem annoncierten Jährling zu. Doch war der inzwischen außer Reichweite und kam auch auf erneutes Blatten nicht mehr zurück. So blieb es diesmal bei dem einen, dafür alten Bock. Wir versorgten ihn und ließen es für diesen Tag genug sein. Wir hatten die Spannungen der Blattjagd wieder einmal aus dem Vollen genießen dürfen und freuten uns nun auf das kommende Jahr.

Ein kurzer Blick auf die Rehwildhege

Wenn man sich nun die Böcke an der Wand anschaut, kann man wirklich nicht behaupten, dass der Durchschnitt im Lauf der Jahre stärker und besser geworden ist. Damit bestätigt sich die allgemein bekannte Beobachtung, nach der die Rehwildhege mit der Büchse im Grunde nichts gebracht hat. Es ist ganz offensichtlich nicht gelungen, die Stärke der Gehörne durch gezielten Abschuss der schwächeren bei Schonung der stärkeren Stücke beiderlei Geschlechts anzuheben.

Stattdessen hat das – aus wildbiologischer Sicht grundsätzlich nicht zu beanstandende – Bemühen um sorgfältige Ansprache und Verzicht auf den Abschuss gut entwickelter und eben deshalb nicht schießbarer Stücke mittleren Alters zu einem oft beklagten Anstieg der Rehwildpopulationen geführt. Das hatte in den Wäldern Verbissschäden zur Folge, die Waldbau und Waldbesitz nicht unbeanstandet gelassen haben. Die Entwicklung gipfelte schließlich in der Formulierung *„Zahl geht vor Wahl"* und der Forderung, jede Chance zum Schuss tatsächlich auch zu nutzen.

In der Folge wurden Rehe von manchen Waldbauern und Forstleuten schließlich als die „kleinen braunen Knospenbeißer" verunglimpft. Von solcher Formulierung war es nicht mehr weit bis zu dem oben bereits erwähnten, unschönen Spruch: „Nur tote Rehe sind gute Rehe!"

Vor solchem Hintergrund erscheint schließlich auch die Forderung nach Abschaffung des gesetzlich vorgeschriebenen Abschussplanes für Rehwild konsequent. Mit traditionellem Weidwerk, einer vertretbaren jagdlichen Ethik und Bewahrung/Pflege von Artenvielfalt sowie des Kulturgutes Rehwild haben solche Grundeinstellungen allerdings überhaupt nichts mehr gemein. Wieder einmal versucht man, das Kind mit dem Bade auszuschütten.

Da ist es tröstlich, dass sich viele Rehwildjäger ganz offensichtlich entgegen solchen Zeitströmungen ernsthaft um zeitgemäße Kompromisse zwischen der traditionellen Hege mit der Büchse und der berechtigten Forderung nach angemessener Rehwilddichte bemühen.

Im Vollzug behalten die bewährten Grundsätze des starken Eingriffs in die Jugend und der bevorzugten Selektion der schwachen und alten Stücke, weil wildbiologisch sinnvoll, natürlich weiterhin ihre Berechtigung. Es ist bei Beachtung solcher Grundsätze allerdings von zweitrangiger Bedeutung, ob der Abschuss des weiblichen Rehwildes vom Einzelansitz aus oder auf Bewegungsjagden getätigt wird.

Obwohl die Beobachtungs- und Auswahlmöglichkeiten beim Ansitz natürlich besser sind, wird man am Ende in den meisten Revieren beide Methoden mit Erfolg parallel zueinander anwenden können. Nur sollten die beteiligten Jäger fachlich dazu in der Lage sein, nicht nur abgeworfene Böcke zu erkennen, sondern auch schwach, durchschnittlich und stark sowie jung, mittelalt und alt beim weiblichen Wild zu unterscheiden.

Schon die Alten wussten es: Erst der Dreiklang von Kompetenz, Verantwortungsbewusstsein und Verzicht unterscheidet den Jäger vom Schießer. Und wer will schon gern als ein solcher durch die Wälder pirschen? Deswegen sollte das Motto bei der Rehwildjagd statt des modernen „Zahl vor Wahl" wohl besser weiterhin heißen „Zahl und Wahl".

Damwild – eine faszinierende Wildart

Auch beim Damwild geht es um eine sehr reizvolle Wildart, die unglaublich spannende jagdliche Erlebnisse bietet. Jagdlicher Höhepunkt ist auch hierbei die Jagd auf den Brunfthirsch. Im Gegensatz zum Rotwild ist es in diesem Fall neben den üblichen Morgen- und Abendstunden allerdings durchaus auch erfolgversprechend, selbst den ganzen Tag über aktiv zu sein.

Ein brutaler Kampf

Schon am frühen Nachmittag stellte ich den Wagen an einem Waldweg ab, um auf den Brunfthirsch zu jagen. Dunst hing bei feuchtkühler Witterung in den Kronen der herbstlich verfärbten Bäume. Ich glaubte, meinen Ohren nicht zu trauen, als ich bereits beim Verschließen der Wagentür in einem älteren Buchenbestand am Oberhang Damhirsche in ihrer charakteristischen Weise schreien hörte. Der Wind passte, also änderte ich meinen ursprünglichen Plan und beschloss, die Hirsche direkt anzugehen.

Sie waren weit entfernt. So konnte ich anfänglich an einem Gatter entlang richtig zuschreiten. Es mussten mindestens zwei Hirsche sein. Sie kämpften, man konnte das Klappern der Geweihe inzwischen gut hören. Nach dem Gehör konnte ich sie in dem Buchenbestand oben im Hang auch ungefähr lokalisieren, aber zu sehen war zunächst noch nichts. Nähergekommen, schien es mir irgendwann ratsam, den Hund abzulegen – in dem lichten Bestand würde er mir nicht helfen können. Da war eigentlich schon eine Person zu viel. Mir war warm geworden. So blieb der Mantel neben dem Hund zurück. Ich setzte meinen Weg bergauf fort und wurde immer vorsichtiger, suchte immer häufiger mit dem Glas den vor mir liegenden Bestand ab.

Es dauerte länger, als ich eigentlich vermutet hatte, bis ich endlich die ersten Bewegungen auf dem breiten Kamm erkannte. Schließlich sah ich zwischen den Buchenstämmen eindeutig zwei kämpfende Hirsche, doch konnte ich Kahlwild trotz sorgfältiger Suche nicht entdecken. Die Hirsche mussten also allein sein, was mich zwar wunderte, aber das weitere Anpirschen natürlich erleichterte und vereinfachte. Zum Ansprechen musste ich näher heran.

So ging es, stets hinter den dickeren Buchen Deckung suchend, langsam vorwärts, bis ich schließlich robbend nah genug herangekommen war.

Nach aufregender Pirsch zur Strecke gebracht!

Um besser beobachten zu können, richtete ich mich hinter einer Buche auf. Es war nervenaufreibend. Die Hirsche blieben zwar im Wesentlichen auf demselben Platz, waren jedoch dauernd in Bewegung und dabei natürlich immer wieder ganz oder teilweise von einzelnen Buchen verdeckt. Es war ein Kampf auf Leben und Tod. Zwei ältere, etwa gleich starke Hirsche krachten mit den Geweihen ineinander, schoben sich mit abgesenkten Häuptern hin und her. Man konnte es deutlich sehen, der Waldboden war im Kampfbereich bereits richtig aufgewühlt. Immer wieder trennten sie sich, die Äser dampften, während die Flanken regelrecht bebten. Sie verhofften kurz, um zu schreien und danach sofort wieder mit neuer Gewalt aufeinanderzuprallen.

Allmählich zeichnete es sich für mich ab: Die Hirsche hatten ziemlich unterschiedliche Geweihe. Bei dem einen waren die Schaufeln breiter und endenreicher, die Augsprossen ziemlich lang, der andere hatte schmalere, aber lang gestreckte Schaufeln mit nur wenigen und kürzeren Enden. Das Geweih vom ersten war wuchtiger, das des zweiten insgesamt länger. Beide Hirsche mochten das Zielalter von acht Jahren erreicht haben, aber ich war mir, besonders bei dem wuchtigeren, nicht sicher. Doch hatte ich schließlich keine Zweifel mehr daran, dass der mit den schmaleren Schaufeln vom Alter und der Stärke her passen musste.

Ich griff zum Gewehr. Aber wie schießen? Auf dem Bergrücken gab es vom Gelände her keinen Kugelfang. Obwohl ich inzwischen stand und angestrichen schießen würde, war das Blatt eines Damhirsches doch ziemlich hoch – die Kugel konnte also sonst wohin fliegen. Das Risiko konnte ich nicht eingehen.

So wartete ich, bis sich beide Hirsche wieder einmal mit den ineinander verhakten Geweihen vorhersehbar hin- und herschoben. Der Zielstachel fasste das Blatt, als sich der Ausgesuchte vor einer dicken Buche befand. Im Schuss sah ich im Zielfernrohr auf der Buche dicht über dem Hirsch einen handtellergroßen, weißen Fleck. Beide Hirsche ließen kurz voneinander ab, richteten sich auf, äugten in die Gegend und setzten ihren Kampf sofort wieder fort. Die Situation war klar: Ich hatte den Hirsch überschossen.

Im selben Augenblick fiel der zweite Schuss – der beschossene Hirsch sackte daraufhin dem anderen regelrecht aus dem Geweih und lag im Knall.

Doch nun mochte ich meinen Augen kaum trauen. Der gesunde Hirsch warf wieder kurz auf, trat etwas zur Seite und rammte seine Augsprossen im nächsten Augenblick in den verendend vor ihm schlegelnden Rivalen, setzte ab und stieß erneut zu. Es wirkte unglaublich brutal.

Bis ich selbst begriff, was da ablief und den gesunden Hirsch, hinter meiner Buche hervortretend, vertreiben konnte, waren seine Augsprossen, auch auf die Entfernung deutlich sichtbar, rot gefärbt.

Schließlich saß ich selbst erschöpft auf einem Buchenstubben neben meinem Hirsch und ließ den Gedanken freien Lauf. Ich hatte meine Beute. Der Hirsch war alt. Doch in die Freude über das gerade Erlebte kam fast gleichzeitig, ein wenig bedauernd, auch der Gedanke, dass alles doch so schnell abgelaufen und diese spannende Damwildbrunft für mich nun schon wieder vorbei war.

Weidmannsheil, den Hirsch haben wir

Aber Damwildbrunft ist in immer neuen Varianten stets wieder aufregend. Der führende Beamte hatte mich gebeten, schon sehr früh, noch in stockdunkler Nacht zur Stelle zu sein. Wir trafen uns am vereinbarten Ort und zogen los. Den Hund durfte ich nicht mitnehmen, der störe nur.

Die Damhirsche schrien gut. Noch in der Dunkelheit erreichten wir auf einem gepflegten Pirschsteig die vorgesehene Kanzel. Sie stand in einem Kiefernaltholz. Die im Unterstand verstreuten Fichtenhorste waren anfänglich wegen des noch äußerst dürftigen Lichts nur schemenhaft erkennbar. Irgendwo dazwischen rülpste ein Damhirsch.

Mit zunehmendem Licht wurden vor uns Bewegungen sichtbar. Bald entpuppte sich dieser Schatten als Spießer, jener als Tier, während der Hirsch – der Stimme nach – vor uns in dem undurchdringlichen Grün unentwegt schrie. Ein Beihirsch tauchte rechts von uns auf, aber der andere folgte nicht. So ging das längere Zeit – immer war etwas los, aber nie ließ der Hirsch, um den es meinem Führer hier offensichtlich ging, auch nur ein Haar von sich sehen. Nur, weil er stetig meldete, wussten wir, er ist da. Langsam war es hell geworden.

Für mich ohne erkennbaren Grund, fragte plötzlich mein Führer, ob ich bereit wäre, zu pirschen und erforderlichenfalls stehend freihändig zu schießen. Wir saßen auf einer wirklich professionell gebauten Kanzel mit guter Gewehrauflage. Ich verstand eigentlich die Frage nicht, bejahte aber, allerdings mit dem Zusatz, es käme auf die Bedingungen an.

Dann baumten wir ab. Der Hirsch schrie weiter vor uns, schien sich jedoch – nun auch für mich hörbar – allmählich in nördlicher Richtung zu bewegen. Mein Führer wurde schneller, ihm kam es eindeutig nicht mehr auf Geräuschlosigkeit, sondern auf Tempo an. Ich folgte. Wir umschlugen eine Dickung und traten hinter eine recht schwache Eiche an einer Wegegabel. Der nach rechts abzweigende Rückeweg stellte die Nordgrenze des Bestandes dar, in dem der Hirsch brunftete.

Rudel und nachfolgender Hirsch kamen zunächst in der dunklen Nadelholzpartie über den rechten Weg – das reichte zur Ansprache. Als der Hirsch links erschien, fiel der Schuss.

Wir hatten die Eiche kaum erreicht, als auf nur 70–80 Schritt vor uns das erste Tier von rechts nach links über den Rückeweg zog. Weiteres Kahlwild und Kälber folgten nach. Dann kam der Hirsch. Mein Führer wusste, wen er suchte, trotzdem dauerte es einen Augenblick zu lange, bis er sicher war und mir zuflüsterte: „Schießen!" Aber der Hirsch hatte inzwischen den Weg passiert und den jenseitigen Bestandesrand erreicht. So wurde ich nicht mehr rechtzeitig fertig.

Doch da erschien bereits das Leittier links auf dem breiteren Fahrweg, die anderen weiblichen Stücke folgten – also musste hier gleich auch der Hirsch auftauchen. Er kam mit etwas Abstand im leichten Troll. Ich konnte nicht warten, musste auf den ziehenden Hirsch schießen. Das Zeichnen war jedoch nicht zu übersehen.

Am Anschuss fanden wir Schnitthaar, Schweiß und Knochensplitter. Hm, das hieß: Nachsuche mit dem Schweißhund der nahen Station. So fuhren wir nach Hause, um die notwendigen Verabredungen zu treffen, und tranken danach Kaffee. Der Schweißhundführer kannte die Gegend ganz genau. Dementsprechend trafen wir uns nach der bewährten Schweißhundführerregel etwa vier Stunden später vor Ort.

Wir verwiesen den Anschuss und zeigten die Knochensplitter, worauf mir der Hundeführer bereits mit den beruhigenden Worten: *„Weidmannsheil,* *den Hirsch haben wir!"* gratulierte. Ich hörte das gern, behielt allerdings meine leisen Zweifel für mich.

Aber so einfach wurde es denn doch nicht. Zu zweit stellten wir die westliche und die nördliche Linie der nach Norden hin angrenzenden Abteilung, in die der Hirsch gezogen war, ab. Der Hundeführer gab uns ausreichend Vorlauf und wollte dann den Hund am Anschuss ansetzen.

Ich wartete auf meinem Beobachtungsstand auf der nördlichen Abteilungslinie auf das Signal „Damhirsch tot", doch das kam nicht. Es passierte überhaupt nichts. Ich konnte einen Eichelhäher hören, mehr nicht. Sonst blieb der Wald zwar herbstlich schön gefärbt, aber ganz still. Ich wartete weiter, die Zeit verging. Es war wirklich ein sehr schöner Herbsttag, aber der Wald blieb weiter ruhig. In mir wurden die Fragen und Sorgen lauter, drängender, bis ich schließlich abgerufen wurde.

Der Hirsch war im Bogen zuerst in nördliche Richtung, dann nach Westen und schließlich wieder nach Süden gezogen. Er hatte den Hauptweg auf höchstens 80 Schritt westlich der Wegegabel mit der Eiche, von der aus ich geschossen hatte, überquert und war dann – gewissermaßen hinter unserem Rücken – in seinen Einstand zurückgewechselt.

Mit dieser Möglichkeit hatte niemand gerechnet. Aber nun hielt der Hundeführer ein erneutes Vorstellen nicht mehr für angebracht. Der Hirsch sei schwerkrank, säße mit Sicherheit in der Dickung vor uns im Wundbett und würde, wenn schon nicht dort, zuverlässig nach kurzer Hetze in einem der Nachbarbestände zur Strecke kommen. Wir sollten am Einwechsel warten.

Ich musste mich fügen, obwohl ich unter diesen Auspizien natürlich sehr gern Hund und Führer gefolgt wäre. Es gehört für mich einfach immer wieder zu den Höhepunkten jagdlicher Aktivitäten, einem guten Hannoverschen Schweißhund mit einem professionellen Führer zu folgen. Ich hatte das Glück, dies über Jahre erleben zu können. Es war immer wieder und bei allen Führern echte Teamarbeit im besten Sinne. Dabei konnte man eigentlich immer beides bewundern, einerseits die Suche und die Nase des Hundes und andererseits die Kompetenz des Führers. So wie hier bei diesem Damhirsch. Der Führer sah und beurteilte die Pirschzeichen und gratulierte zu einem Hirsch, von dem weit und breit nichts weiter zu sehen war. Aber er kannte seinen Hund und sich und wusste, was das Gespann zu leisten vermochte.

Der Hund wurde also am langen Riemen neu angesetzt. Wir blieben am Wegesrand und sahen zuerst den Hund, dann den Führer und schließlich das Riemenende in der Dickung verschwinden. Schon wenige Minuten später hörte man es tatsächlich vorhersagegemäß zuerst poltern, dann Hetz- und kurze Zeit später Standlaut. Es erklang dieser wundervolle tiefe

Dieser Damhirsch kam nach spannender Jagd und perfekter Nachsuche zur Strecke – es macht immer wieder Freude, mit Profis zu jagen!

Bass eines Hannoverschen Schweißhundes durch den herbstlichen Wald, immer an derselben Stelle, stetig und ganz zuverlässig. Dann fiel der Fangschuss, danach war Ruhe. Wundervolle, aber spannungsgeladene Stille im herbstlichen Wald. Schließlich erscholl der Ruf „Hoop, Hirsch tot!" Wir hatten einen reifen Hirsch zur Strecke gebracht – es macht doch wirklich Freude, mit Profis zu jagen!

Zwei Kälber

Das Telefon musste wiederholt läuten, bis ich zum Hörer greifen konnte. Freund J. L. rief an und lud, wie schon in den vergangenen Jahren, zu einer Bewegungsjagd auf Sauen und Damwild ein. Es gehe vor allen Dingen darum, den Abschussplan bei Damkahlwild zu erfüllen, die Bestände müssten dringend etwas reduziert werden. Alles sollte nach eingeübtem Ritual ablaufen:

9.30 Uhr	Versammeln der Jäger
ab 10.00 Uhr	Einnehmen der Stände
10.30–12.30 Uhr	Beunruhigen des Wildes
13.00 Uhr	Jagdende
nach der Jagd	eine Tasse Kaffee in privater Runde

Ich bekam wieder „meinen" Ansitzbock aus den vergangenen Jahren angewiesen. Er stand etwa 100 Meter von einer südlich gelegenen Wiesenkante entfernt auf einer Rabatte in einem Eichenbestand mit einem hohen Anteil zwischenständiger Birken. Nach Osten, Norden und Westen schlossen sich Kiefern-, Birken- und Erlenbestände mit teilweise hohen Schilfpartien an. Es war ein Fürstenstand. Das ringsum beunruhigte Wild würde voraussichtlich wieder, wie im Jahr zuvor, innerhalb des Waldes parallel zur Wiesengrenze von Ost nach West, vielleicht auch in entgegengesetzter Richtung, wechseln. Dabei war der Bestand so licht, dass man eigentlich gut ansprechen und dann auch noch schießen können sollte.

Der Wind kam von Südost, passte also auch. Ich legte Tessa wie üblich etwas seitlich so ab, dass ich sie ständig im Auge hatte und es an ihrem Verhalten erkennen würde, wenn sich Wild näherte, ohne dass ich selbst es bereits sehen konnte. Die Temperatur lag um den Gefrierpunkt. Ich richtete mich entsprechend ein, entzündete meine Taschenöfchen, lud das Gewehr und goss mir einen Kaffee aus der Thermoskanne ein. Noch ein Stück Schokolade, und dann mochte die Jagd beginnen. Heute hatte ich einen idealen Stand.

Mit Ausnahme führender Bachen waren alle Sauen sowie vom Damwild geringe Hirsche und sämtliches Kahlwild in der üblichen Reihenfolge, außerdem Füchse frei. Mein Stand schien so gute Sichtverhältnisse zu bieten, dass man meinte, hier eine reale Chance für eine Doublette zu haben. Aber es kam natürlich wieder einmal ganz anders.

Bald nach zehn Uhr hörte man hier und dort Schüsse. Meistens einzeln, gelegentlich auch zwei, aber nie mehrere schnell hintereinander aus derselben Richtung wie das bei Vorkommen von Sauen so oft der Fall ist.

Mir kam zuerst ein Rudel Hirsche. Es war eine einzige Freude, sechs Hirsche verschiedenen Alters in dem angrenzenden Birkenbestand im gelben Pfeifengras zu beobachten. Sie kamen im leichten Troll über die Wiese und verhofften, sobald sie den Schutz des Waldes erreicht hatten, sicherten, wendeten die Häupter nach allen Himmelsrichtungen. Dabei hoben sich die Schaufeln traumhaft von den weißen Birkenstämmen ab. Die Hirsche brauchten lange, bis sie sich entschlossen, dicht an meinem Bock vorbei in westliche Richtung weiterzuziehen. Der stärkste Hirsch verhoffte minutenlang auf etwa 60 Schritt, breit wie ein Denkmal – es war einfach ein hinreißendes Bild. Schließlich war aber das ganze Rudel zwischen den Stämmen des Nachbarbestandes verschwunden.

Wieder hörte man es bei den Nachbarn knallen. Tessa riss geradezu den Kopf herum und spähte nach Osten. Von dort näherte sich ein Reh, nicht frei, und zudem bei genauerem Hinsehen ein Bock. Er zog vorbei, ohne uns mitzubekommen.

Wieder drehte der Hund den Kopf, diesmal nach Nordwesten. Dorthin strich unser Wind – also konnte eigentlich von daher nichts kommen. Ich behielt aber trotzdem die Schilfpartie mit den Erlen im Auge, und siehe da, es erschien ein ganzes Rudel Kahlwild, das schräg in südöstlicher Richtung, wie auf einer Perlenkette aneinandergereiht, an meinem Bock vorbeitrollen wollte.

Die freie Strecke reichte für die Ansprache. Als die günstigste Schussposition erreicht war, beschoss ich ein Kalb und behielt das zugehörige Tier im Auge. Das Kalb begann zu taumeln – ich schwenkte die Waffe auf das Tier und musste zusehen, wie das ganze Rudel jetzt zwar verhoffte, aber sich so zusammendrängte, dass ein zweiter Schuss nicht möglich war. Es war kaum weiter als 40 Schritt, ich lag im Anschlag, der Zielstachel stand auf dem Blatt des Tieres, aber ich konnte nicht schießen. Das mag so eine Minute oder auch etwas länger gedauert haben. Schließlich begann das Rudel als Einheit langsam weiterzuziehen, doch war „mein" Tier dabei weiter ständig so gedeckt, dass es schließlich kerngesund entschwand. Ja, fast wäre es eine Doublette geworden …

Aber die Jagd war ja noch nicht vorbei. Es hieß also nachladen und weiter aufpassen. Ich brauchte gar nicht so lange zu warten, bis Tessa nach Südwesten sicherte. Vorsichtig und gar nicht schnell kam von dort von West nach Ost parallel zur Wald-Wiesen-Kante abermals ein Rudel Kahlwild. Ich habe nicht gezählt, sondern wieder versucht, ein Kalb und das zugehörige Tier zu erkennen. Hier war das Bild noch eindeutiger als bei dem ersten Rudel. Auch diesmal zogen sie hintereinander her. Dem Leittier folgte ein Kalb, dann kam wieder ein Tier, dem ein Kalb folgte... Weiter habe ich nicht gesucht, sondern das zweite Kalb beschossen, um mich danach sofort dem Tier zuzuwenden, während ich zugleich auch noch die Wirkung des Schusses auf das Kalb beobachtete. Doch wieder passierte in diesem Augenblick genau dasselbe wie beim ersten Rudel. Die Stücke verhofften im Pulk. Ich sah das Kalb zusammenbrechen und konnte den zweiten Schuss nicht mehr loswerden, weil auch hier wieder das zugehörige Tier von anderen gedeckt war.

So blieb es auch beim zweiten Versuch wieder nur bei einem Kalb. Aber insgesamt machten wir an diesem Tage doch recht gute Beute und hatten alle gemeinsam viele spannende Augenblicke erlebt. Tessa war auch zufrieden mit ihren Bissen von zwei Aufbrüchen.

Muffel – unstet und so reizvoll

Das Jahr des Jägers nimmt seinen Lauf. Die Hirsche haben zum letzten Mal geschrien. Doch es kehrt dort, wo neben Rotwild, Sauen und Rehen auch Dam- und Muffelwild vorkommen, keine Ruhe in den Wäldern ein. Schon in der auslaufenden Rotwildbrunft wird es durch häufigere Beobachtungen deutlich: Jetzt werden die Muffel aktiv. Man sieht ihre Fährten auf den Wegen, sieht sie selbst noch unsteter als gewöhnlich, aber doch meist in den bevorzugten Beständen. Immer häufiger sind einzelne Widder zu beobachten. Sie sind den ganzen Tag über auf den Läufen. Wenn irgend möglich, sollte man selbst es auch sein. Es wird ja nie langweilig, wenn man zwischen Ansitz und Pirschen in den Haupteinstandsgebieten variieren kann. Muffeljagd ist Tagesjagd und gerade deswegen oft auch so besonders spannend. Manchmal kommt einem dabei allerdings auch noch der Zufall zu Hilfe.

So war es dieses Mal. Die Hirschbrunft war vorbei. Ich war von unserem Freund K. A. in der Nachbarschaft zum abendlichen Entenstrich eingeladen und sollte nicht ohne meine Frau erscheinen. Da ich vorher noch außerhalb zu tun hatte, war also abgesprochen, dass ich rechtzeitig zu Hause vorbeikäme, um sie abzuholen. Doch war die Besprechung schneller beendet als gedacht. So war ich im Grunde zu früh auf dem Heimweg. Was tun? Die unverhoffte Freizeit noch kurz am Schreibtisch zu nutzen, erschien mir nicht so besonders reizvoll.

So entschied ich mich dafür, noch rasch für etwa eine halbe Stunde auf eine praktisch am Heimweg stehende Kanzel zu steigen. Auf der Leiter hatte ich ungefähr die halbe Höhe erreicht, als ich in westlicher Richtung das typische Klacken rammender Muffel hörte. Ich beschleunigte meinen Aufstieg und konnte von oben gerade noch zwei Widder hinter einer Wegebiegung verschwinden sehen. Der Blick spitz von hinten hatte allerdings ausgereicht, die bereits nach oben und außen weisenden Schnecken des hinteren Widders zu erkennen und ihn als ansehenswert einzustufen. Ich ahnte, wohin die beiden Herren ziehen würden.

Der Wind passte, also beschloss ich, schnell hinterherzupirschen. Ich kam trotz aller Vorsicht gut voran und erreichte die kleine Blöße, auf der ich die Widder vermutete. Aber ich kam zu spät und sah gerade noch einen weißen Sattelfleck in der Fichtenkultur verschwinden. Also blieb nichts, als jetzt weiter vorzugreifen, um sie eventuell abzufangen, falls sie bei einer weiteren niedrigeren Fichtenkultur am Rande einer Kieferndickung weiter westlich erscheinen sollten. Um das zu schaffen, musste ich mich sehr beeilen. Ich versuchte es und kam tatsächlich eben noch rechtzeitig.

Von einer leichten Höhe aus konnte ich die Fichtenkultur einsehen – beide Widder standen nicht zu weit entfernt am jenseitigen Rand. Sie sicherten – irgendetwas mussten sie mitbekommen haben. Sie äugten jedenfalls zu mir her, obwohl ich schon versucht hatte, trotz aller Eile sehr vorsichtig und in Deckung an die Fläche heranzukommen. Der bessere Widder stand breit, die Schnecken hatten die Höhe der Lichter erreicht – passt. Sie hielten aus. Auf den Schuss trollten beide in die vor ihnen liegende Kieferndickung, als wäre nichts gewesen.

Ich hatte stehend freihändig schießen müssen und konnte mir den Anschuss neben einer roten kleinen Fichte gut merken. Dort fand ich nichts. Ich folgte der Fluchtrichtung und entdeckte schließlich an einem gelben Halm vom Pfeifengras in Kniehöhe einen kleinen Tropfen Schweiß. Der Widder hatte also die Kugel. Ich folgte dem Wechsel in die Kieferndickung und sah nach wenigen Schritten die weiße Bauchdecke leuchten. Der Widder war reif.

Inzwischen war es allerdings doch schon recht spät geworden. Ich verbrach den Widder und ließ ihn zunächst unaufgebrochen liegen, eilte zum Wagen und kam trotzdem verspätet zu Hause an. In Stichworten berichtete ich kurz und griff dann zum Telefon, um dem Freund abzusagen. Aber das wurde nicht akzeptiert. Ich erhielt stattdessen die Auf-

Trollte nach dem Schuss ab, als sei nichts gewesen.

forderung, mit dem Widder zum Entenstrich zu erscheinen, ich bekäme einen Stand, den ich kannte und den ich auch verspätet erreichen könnte, ohne die anderen zu stören. So geschah es.

Meine Frau und ich fuhren also zurück in den Wald. Ich brach den Widder rasch auf und verstaute ihn im Kofferraum. Dann ging es zu den Enten. Wir erreichten unseren Stand immer noch rechtzeitig. Bis der Strich einsetzte, blieben sogar noch einige Minuten, um über das Wasser hinweg den aus der Deckung auftauchenden Jägern die üblichen Fragen, wie z. B. „Alt genug?" zu beantworten. Dann kamen die ersten Enten, und wir wandten uns neuen Aktivitäten zu.

Später wurde in der Dunkelheit auf dem Rasen vor dem alten gediegenen Fachwerkhaus eine sicher nicht alltägliche Strecke gelegt und stilvoll mit Fackeln beleuchtet: Ein Muffelwidder und knapp 20 Enten.

Schafe und Lämmer

Obwohl auch Muffel ihre Einstandsgebiete und Lebensräume im Lauf der Jahre mit den sich verändernden Bestandes- und Bestockungsverhältnissen verlagern, sind sie doch über lange Zeitspannen immer wieder in denselben Beständen zu finden. Dass dabei Mast abwerfende Eichenbestände besonders bevorzugt werden, ist eigentlich nicht verwunderlich. Das sind dann auch die optimalen Räume zum Ansitz und zur Erfüllung des nun einmal notwendigen Abschusses von weiblichem Wild.

Die Eicheln fielen in jenem Jahr schon verhältnismäßig früh. Wenn man es selbst nicht merkte, konnte man es schnell an vielen Pirschzeichen erkennen. Sauen, Rotwild, aber auch die Muffel waren bald zur Stelle, um sich an diesen Köstlichkeiten des herbstlichen Waldes zu laben. So saß ich in der zweiten Oktoberhälfte morgens noch im Dunklen auf einer Leiter und hatte eigentlich keine konkreten Absichten. Die Leiter war gut zu erreichen, ich hatte meines Erachtens beim Anmarsch nicht gestört. So wartete ich auf die Morgendämmerung und das allmähliche Hellwerden. Die Eichenblätter hatten sich verfärbt und waren z. T. bereits abgefallen, der Adlerfarn wurde gelbbraun. Die Strahlen der Morgensonne begannen Farn und Blätter zu vergolden. Wieder einmal dachte ich an den Satz:

„Ach, könnt es Herbst im ganzen Jahre bleiben,
dann hätt' ich alles, was mein Herz begehrt!"

Lange Zeit geschah um mich herum gar nichts. Obwohl es fast danach roch, war doch kein Stück Wild zu sehen. Eigentlich war es schließlich

Zeit zum Abbaumen, aber es war ja Wochenende, ich hatte Zeit. Ich blieb also sitzen und genoss den Morgen.

Seit einiger Zeit hatte es nicht mehr geregnet. Das Laub war trocken, so hörte ich es rascheln, bevor ich ihn auf ca. zehn Schritt vor mir sah: Ein starker Fuchs trollte am hellen Tag ganz dicht an meiner Leiter und dem an ihrem Fuß abgelegten Hund vorbei. Der Wind war gut – er bekam uns nicht mit.

Eigentlich sollte ich ihn schießen – es hieß, die Tollwutbekämpfung verlange das. Aber dieser Fuchs war viel zu nah. Er würde jede Bewegung mitbekommen, hätte ich zum Gewehr gegriffen. Also versuchte ich es gar nicht erst, und tatsächlich war Meister Reineke im nächsten Augenblick schon wieder im Farn verschwunden. Ich brauchte nicht weiter nachzudenken, ob ich schießen „müsste", „sollte" oder es unter den gegebenen Umständen bleiben lassen „durfte". Vielleicht kam er ja im Winter bei Schnee zurück …

Während ich noch über Sinn und Wirksamkeit einer Tollwutbekämpfung durch Dezimierung des Fuchsbestandes mit fairen jagdlichen Methoden nachsann, wurden in nördlicher Richtung Bewegungen im Farn erkennbar. Der Farn wackelte, ohne dass Wind die Ursache sein konnte.

Im Glas sah ich auf Anhieb nichts, fand nur die erste Beobachtung vom wackelnden Farn bestätigt. Sekunden danach erschien das fast schon weiße Haupt eines Schafes, und dann rauschten sie geradezu heran: Ein ganzes Rudel Muffelwild – alles durcheinander – Schafe, Widder, Lämmer, Schmalschafe, überall wackelte und bewegte sich der Farn. Man merkte erst jetzt, wie hoch der Farn tatsächlich war – die Muffel waren überall, aber immer nur vereinzelt und kaum einmal frei sichtbar. Es waren sicherlich zehn, vielleicht auch 12–14 Stück.

Ich brauchte viel Zeit und guten Wind, um unter solchen Bedingungen ein klares Bild zu bekommen. Doch dazu verhalf mir auch, dass sich das Rudel langsam in einen geschlosseneren Bestandesteil mit Eichen, aber nur mit entsprechend weniger und niedrigerem Farn bewegte. Schließlich war ich sicher: Zwei mittlere Widder, einige Widderlämmer, alles übrige Schafe, Schmalschafe und weibliche Lämmer. Noch schwieriger wurde es danach allerdings, aus dem Rudel ein Schaf und das dazugehörende weibliche Lamm herauszufinden.

Das Prinzip, nach Möglichkeit alte und schwache Stücke auszuwählen, konnte ich unter den hier gegebenen Rahmenbedingungen ohnehin nicht anwenden, dazu war die Situation einfach nicht geeignet. Andererseits mussten wir mit dem Abschuss vorankommen. Hier blieb also nur die abgespeckte Version, die da heißt: weibliches Lamm und zugehöriges Schaf. Aber welche Stücke sind das? Schließlich glückte auch dies: Ein

Lamm säugte an einer von Farn freien Stelle. Es gab also keinen Zweifel mehr. Das Auge heftete sich an diese beiden Stücke, alle anderen waren fortan nur noch beachtenswerte Kulisse. Zweimal stand das Lamm frei, aber immer waren andere Stücke dahinter oder so in der Nähe, dass ich nicht zu schießen wagte.

Doch schließlich stand das Lamm allein und breit. Der Schuss fiel. Das Lamm ging nach links ab und begann nach einigen Fluchten zu wanken, während sich das Rudel nach rechts bewegte. Kaum sah ich das Lamm langsamer werden, wandte sich das Auge dem mit dem Rudel abgehenden Schaf zu. Doch nach wenigen Fluchten stoppte es und drehte sich rückwärts äugend zur Seite. Damit verhoffte es breit. Im selben Augenblick fiel der zweite Schuss. Das Schaf brach im Knall zusammen. So ist das bei Muffeln. Man sagt, sie seien sehr hart, aber sie reagieren in der Praxis eben sehr unterschiedlich.

Das genaue Gegenteil erlebte ich später auf einer Bewegungsjagd. Mir kamen in einem gut durchforsteten Kiefernstangenholz ziemlich flüchtig zwei Widder mit einem Schmalschaf. Ich beschoss es ohne irgendeine Reaktion oder Zeichnen. Das geschlossene Dreier-Rudel setzte seine Flucht fort. Man konnte den Stücken in dem lichten Bestand über eine weite Strecke mit dem Auge folgen, bis sie schließlich alle drei wie gesund zwischen den Kiefernstämmen entschwanden. Nach Ende der Jagd fanden wir das Stück mit gutem Schuss sicherlich 150, wenn nicht gar 200 Meter vom Anschuss entfernt.

So ist auch Muffelwild eine wahrhafte Bereicherung unserer Wildbahn und seine Bejagung immer wieder besonders reizvoll und voller Überraschungen.

Schwarzwild – stetig wachsende Bestände?

Sauen sind seit alters her ein uriges, wehrhaftes und deshalb so besonders faszinierendes Wild. Bis zur zweiten Hälfte des vergangenen Jahrhunderts waren Sauen außerdem in weiten Landesteilen ein seltenes Wild. Das Erlegen einer Sau war für die meisten Jäger ein besonders lockendes Ziel. Doch nur wenige „Auserwählte" konnten es tatsächlich auch realisieren. Vom starken Keiler träumten viele, aber nur wenige Jäger hatten bis dahin überhaupt einmal einen in freier Wildbahn gesehen.

Das hat sich geändert. Sauen haben sich stark vermehrt und sind heute weit verbreitet. Die Schwarzwildstrecke entwickelte sich z. B. in Niedersachsen wie folgt:

1936/39	1.954 Stück
1958/59	3.192 Stück
1979/80	9.037 Stück
2005/6	37.655 Stück
2008/9	57.604 Stück

Der Seltenheitswert ist mit diesem steilen Anstieg verloren gegangen. Für viele Jäger ist Saujagd heute eine beinahe schon alltägliche Routine. Allein die Faszination der Jagd auf die borstigen Gesellen ist geblieben. Von dem starken Keiler, dem 5-jährigen oder älteren Lebenskeiler mit über 100 kg Gewicht oder sogar mehr träumen die meisten Jäger weiterhin. Doch wirklich reife Waffen sieht man vor allem auf den Titelseiten der Jagdzeitschriften. Auf den jährlichen Jagdschauen sind sie (zu) selten. Was man an Keilergewaff sieht, ist in der überwiegenden Zahl hoffnungsfrohe Jugend mit vorzeitig beendeter Zukunft.

Weitgehend vergessen sind jedoch die Bemühungen aus der Zeit von etwa 1970–1985, als man vor allem in Norddeutschland aufgrund der Initiative des damaligen Lüneburger Kreisjägermeisters **Norbert Teuwsen** in zahlreichen Heiderevieren ernsthaft versuchte, eine systematische Schwarzwildhege nach folgenden den Grundsätzen zu betreiben:

- sehr starke Eingriffe in die Altersgruppe der Frischlinge und Überläufer
- weitgehende Schonung der mittleren Alter
- Abschöpfen der reifen Stücke

Weil die Altersansprache in den Grenzbereichen beim Schwarzwild ein kaum lösbares Problem darstellt, wurden ersatzweise Gewichtsgrenzen verwendet. So sollten nach dem Lüneburger Modell sämtliche Frischlinge und Überläufer, deren man habhaft werden konnte, bis zu einem Gewicht von 50 kg (aufgebrochen) erlegt werden. Stärkere Stücke waren zu schonen. Keiler über 100 kg *oder* mit deutlich sichtbaren Waffen (d. h. ab fünf Lebensjahren) waren wieder frei. Dazu sollten mit 5 % der Gesamtstrecke Bachen unabhängig vom Alter gestreckt werden.

Viele Jäger und Reviere bemühten sich damals nach Kräften, diese Grundsätze in der Praxis zu realisieren. Dazu trug auch populärwissenschaftliche Literatur wie die Bücher von **Heck/Raschke, Meynhardt** oder **Hennig** wesentlich bei. Die Erfolge blieben nicht aus. Man sah und erlegte wieder reife Keiler.

Aber es gab natürlich auch Schwierigkeiten und Probleme. Sie lagen vor allem darin, dass sämtliche Absprachen und Vereinbarungen auf Freiwilligkeit beruhten. Hinzu kam ein zu geringer Bachenabschuss. Per saldo war allerdings auch die Gesamtstrecke zu niedrig. So stiegen die Schwarzwildbestände weiter an. Doch lag das nicht am Lüneburger Modell, sondern an seiner mangelhaften Umsetzung.

Inzwischen ist man in weiten Landesteilen zu der traditionellen Schwarzwildjagd zurückgekehrt: Es wird vielfach – außer sichtbar schwache Frischlinge führenden Bachen – wieder jede Sau ohne nähere Auswahl erlegt.

Doch hat sich die zu Grunde liegende Annahme, durch Aufhebung aller Beschränkungen des Lüneburger Modells würde ein weiterer Anstieg der Schwarzwildbestände unterbunden, als pure Illusion erwiesen. Offensichtlich fühlt man sich nämlich bei dieser schrankenlosen Schwarzwildbejagung in vielen, wenn nicht gar den meisten Fällen, im Gegensatz zu den übrigen Schalenwildarten dank fehlender Mindestabschuss-Vorgaben nicht dazu verpflichtet, eine bestimmte Anzahl von Sauen auch tatsächlich zur Strecke zu bringen. Mit Ausnahme aktiver Wildschadensabwehr im Feld wird Schwarzwild daher im Allgemeinen nur bejagt, solange es Freude macht und sich die Anstrengungen in Grenzen halten. Als Folge reicht die Strecke aber weder quantitativ noch strukturell aus, um den Anstieg der Schwarzwildbestände zu stoppen.

Allerdings ist die gegenwärtige Praxis für alle Beteiligten durchaus bequem: Ohne Vorgaben ist kein Revier zu einer bestimmten Abschusshöhe verpflichtet. Da es keinen Abschussplan gibt, braucht auch niemand seine Erfüllung zu überwachen. So lässt es sich herrlich unbeschwert jagen und regieren! Gelegentliche Vorwürfe aus der Öffentlichkeit, die Jäger schössen nicht hinreichend Sauen, verhallen schnell wieder. Und die nächste

Im Spätherbst locken die Eichenbestände unwiderstehlich.

Schweinepest wird „natürlich völlig unerwartet“ kommen und „selbstverständlich“ durch infizierte Hausschweine eingeschleppt werden!

Angesichts dieser Lage müssen wir uns als Jäger aber wohl fragen, ob wir mit solchem Vorgehen eigentlich unserer Jagdethik und unserem Anspruch, das uns anvertraute Kulturgut Wild sachgerecht zu hegen, noch entsprechen. Doch darum geht es.

Versucht man, die Gründe für das stetige Anwachsen der Schwarzwildbestände zu erkunden, findet man sie sicher nicht allein in der hohen, artspezifischen Reproduktionsrate, dem zunehmenden Maisanbau oder in den teilweise gewiss übertriebenen Kirrungen, sondern eben vermutlich auch in der Tatsache, dass es für Schwarzwild keinen kontrollierten Mindestabschuss gibt.

Muss nicht trotz der bekannten Ungenauigkeiten bei manchen Bestandesschätzungen und Abschussmeldungen Folgendes nachdenklich stimmen: Einerseits wird das bundesweit stetige Anwachsen der Schwarzwildbestände beklagt und z. B. auch die Gefahr der afrikanischen Schweinepest (ASP) für die Hausschweine immer wieder betont. Andererseits verzichtet man ausgerechnet beim Schwarzwild als einziger Schalenwildart auf eine zahlenmäßige Schätzung der Wildvorkommen und eine darauf aufbauende Abschussplanung. Ist es nicht geradezu ein Anachronismus, wenn den Revieren für Rot-, Dam-, Muffel- und Rehwild – Wildarten also, die in der Regel nur ein Kalb bis höchstens zwei, ausnahmsweise vielleicht einmal drei Kitze oder Lämmer bringen – ein Abschuss-Soll vorgeschrieben und die Erfüllung auch jagdbehördlich kontrolliert wird, während ausgerechnet für das Wild mit der höchsten Reproduktionsrate das Abschussgeschehen dem Zufall und der Beliebigkeit der beteiligten Jäger und Reviere überlassen wird?

„Sauen, Sauen!" – und schon steigt die Pulsfrequenz

Zu einer Zeit, als Sauen noch seltene Beute waren, schoss ich im Windschatten meines Vaters als noch sehr junger Jäger meine ersten beiden Sauen auf einer Drückjagd.

Man hatte mich zu ebener Erde als letzten Schützen in einem Birkenbestand am Rande einer Kieferndickung abgestellt. Ich hoffte natürlich auf Anlauf, rechnete aber nicht ernsthaft damit. Die Teilnahme an einer Saujagd war damals an sich schon aufregend genug. Doch es kam ganz anders: Kaum hatte ich mich auf dem zugewiesenen Stand auf mein Dreibein gesetzt, erschien lange vor dem Anblasen auf einer ca. drei Meter breiten Schneise in der Dickung auf eine nicht zu weite Entfernung ganz ruhig eine einzelne – wie ich glaubte – starke Sau.

Ob sie wirklich stark war, sei dahingestellt, ich hatte ja damals noch keine Vergleichsmöglichkeiten und überhaupt keine Erfahrung.

Mir erschien aber die Sau, die da vor mir als schwarzer Klumpen verhoffte, jedenfalls als kapital. Ich war furchtbar aufgeregt, hatte die Waffe schnell am Kopf, versuchte in das Ziel zu wackeln, aber wurde den Schuss nicht los. Schließlich zog die Sau nach rechts und war im nächsten Augenblick in der Dickung verschwunden. Hätte ich doch … Es hätte meine erste Sau werden können. Hätte, hätte … Die Enttäuschung war nicht zu beschreiben.

Inzwischen hatte das Treiben begonnen. Schon wurden Hunde laut – hatte ich sie vorher überhört? Ich weiß es nicht. Jedenfalls flüchteten einige Sauen über die Schneise – keine Chance. Dann kam ein einzelnes Stück rechts von mir auf kurze Entfernung im Troll durch den Birkenstreifen aus der Dickung. Ich schoss, bums, da lag eindeutig meine erste Sau, schlegelte noch einige Male und blieb danach ruhig liegen.

Irgendwie war das im Augenblick völlig undramatisch. Man brauchte keinen zweiten Schuss, keine Nachsuche, die Sau lag da, nicht weit von mir, am Anschuss und war verendet. Aufgeregt wurde ich erst hinterher. Sauen waren damals ja noch so selten! Das Abblasen konnte ich schließlich kaum erwarten und stand Sekunden danach tatsächlich vor meinem ersten Frischling.

Jugend hat Anlauf. Am Nachmittag desselben Tages hatte ich meinen Stand auf einem Fernwechsel. Manchmal sind das ja besonders gute Stände. So auch hier. Vor mir lag eine andere Kieferndickung, dann kam eine breite Trift, anschließend nach rechts hin ein lichtes Kiefernaltholz. Undeutlich hörte man in der Ferne bisweilen die Hunde. Die Schüsse waren dafür umso klarer zu vernehmen. Ich träumte von der starken Sau vom Vormittag, sah das Bild des Frischlings vor dem geistigen Auge, als plötzlich wieder im Troll ohne jede Vorwarnung eine stärkere einzelne Sau aus der Dickung kam und schon die Trift überquert hatte, bevor ich begriff, was da eigentlich ablief. Am Rande des Altholzes erhielt sie die Kugel, setzte ohne zu zeichnen den Weg fort und brach – für mich ganz unerwartet, aber freudig überraschend – nach ca. 50–60 Fluchten noch in Sichtweite zusammen.

Ich konnte mein Glück nicht fassen. Es war ein zwei- bis dreijähriger Keiler. Von reifen Keilern verstand ich damals noch gar nichts und freute mich deswegen riesig. Am Ende der Jagd wurde die Strecke im Feuerschein der Fackeln stilvoll verblasen. An diesem Tage hatten Vater und Sohn vier von insgesamt acht Sauen geschossen. Leider hat sich ein solches gemeinsames Ergebnis danach nie wiederholt.

Zwei Sauen auf einem Stand

Es mag heute schon fast wie ein Märchen aus einer fernen Zeit klingen, wenn man daran erinnert, dass es bis vor gar nicht so langer Zeit große Waldreviere gab, in denen Sauen in den Sommermonaten geschont wurden. Nur bei besonderem Anlass – z. B. wenn man einen Braten für eine Hochzeit oder ein sonstiges Fest brauchte – wurde gelegentlich einmal ein Überläufer entnommen. Sonst herrschte Ruhe. Das hatte natürlich die erfreuliche Folge, dass man Sauen häufig noch bei guten Lichtverhältnissen beobachten konnte. Vor allem aber führte es dazu, dass sie lange, wenn nicht die ganze Nacht, im Wald blieben und auf den angrenzenden Feldern wenig Schaden machten.

Ab Hubertus wurden sie dann aber sehr systematisch und intensiv bejagt. Das geschah sowohl auf der Ansitzjagd sowie auf Drückjagden. Gelegentlich stellte man ihnen aber auch mit ganz wenigen Schützen bei kleineren „Stokeleien" in eher abseits gelegenen Einständen nach.

Eine solche kleine Dickung nahmen wir uns eines schönen Herbsttages zu viert vor. Zwei Schützen wurden weit voneinander am Rand an Hauptwechseln postiert, während ein dritter mitten hineingestellt wurde. Der Revierleiter wollte als Vierter im Bunde die Sauen mit seinem erfahrenen Jagdterrier in Bewegung bringen.

Es dauerte nur wenige Minuten, bis ich den Hund in der Dickung Laut geben hörte. Dann hörte ich den Revierleiter selbst mit weithin vernehmbarer Stimme „Sau-en, Sau-en ... “ rufen, dazwischen das Hundegeläut – es war eine herrliche Melodie. Bald fielen die ersten Schüsse, wohl aus der Richtung von Freund A. Er stand östlich in einem Kiefernaltholz etwa 100 Meter vom Dickungsrand entfernt auf einem Hügelgrab und musste von dort aus eigentlich gut ansprechen und schießen können.

Plötzlich war links von mir eine Bewegung – ein einzelner Überläufer flüchtete über den Weg in das angrenzende Stangenholz. Im Schuss nahm er den Pürzel senkrecht in die Höhe und war im nächsten Augenblick hinter unterständigen Fichten jenseits des Weges verschwunden. In der Dickung hielt der Hundelaut weiter an. Dann knallte es bei dem dort abgestellten Freund H. W. L. Er stand auf einem schmalen Weg, der durch die Dickung führte, hatte wenig Platz, war aber nicht nur als erfahrener Jäger, sondern auch als hervorragender Schütze weithin bekannt.

Völlig unvermutet und ohne Vorwarnung war rechts von mir erneut eine Bewegung, ein weiterer Überläufer überfiel auf 25 bis höchstens 30 Schritt das Gestell. Im Schuss rutschte er zusammen und war im nächsten Augenblick ebenfalls hinter dem jenseitigen Bestandesrand verschwunden. Man konnte ihn aber dort noch einige Zeit hören.

Dann kehrte Ruhe ein. Wir wurden abgerufen und sammelten uns an der vereinbarten Stelle am Rande der Dickung. Auf der Strecke lagen zwei Frischlinge als Doublette von H. W. L. und zwei Überläufer. Ein beschossener Fuchs war leider entkommen. Ich hatte erstmalig in meinem Leben zwei Sauen auf einem Stand erlegt. So bekam der Stand den Namen Checkpoint B.

„Ich schoss auf den kleinen Mann auf dem Weg ... “

Einige Jahre später kam unser schwedischer Freund N. B., soweit seine beruflichen Pflichten es zuließen, regelmäßig in den Wintermonaten zu uns zur Saujagd. Seine erste Sau war unser gemeinsames Erlebnis.

Es war eine schöne, eher milde Mondnacht mit einer dünnen Schneedecke. Wir saßen, pirschten und fanden die Sauen zunächst nicht. Doch schließlich hatten wir von einem Hochsitz aus eine stärkere Rotte schussgerecht an einer kleinen Kirrung vor uns. Licht und Wind waren gut. N. B. war im Gegensatz zu vielen anderen Menschen überhaupt nicht aufgeregt und schien auch kaum Jagdfieber zu haben. Er blieb ruhig, setzte ab, als sich ein zweites Stück vor das zu beschießende schob, und schoss in dem Augenblick, als ein einzelner Frischling breit auf dem Weg verhoffte, der Schuss also gefahrlos möglich war.

Die Sau ging in Wurfrichtung ab, während die übrige Rotte in die entgegengesetzte Richtung nach links in die angrenzende Kieferndickung flüchtete. Das ist ja immer ein gutes Zeichen und bei dem Kaliber 7 x 57 eigentlich auch nicht so verwunderlich. Ich war also ganz zuversichtlich, dass die Sau eine gute Kugel hatte und nicht weit vom Anschuss liegen würde.

Nach dem Schuss wandte sich N. B. zu mir und meinte: *„Ich schoss auf den kleinen Mann auf dem Weg …“* Sein Gesicht zeigte in dem fahlen Mondlicht unverkennbar deutliche Enttäuschung – er vermutete einen Fehlschuss, weil die Sau nicht im Schuss zusammengebrochen war.

Während ich versuchte, ihn zu beruhigen, indem ich meine Beobachtung erläuterte, gingen wir zum Anschuss. Dort fanden wir im Licht der Taschenlampe schnell ein wenig Schweiß. N. B.'s Enttäuschung wich, aber Zweifel blieben. Wem ginge es in vergleichbarer Situation anders? Der Schweiß sah gut aus. Dennoch mochte ich mit der Taschenlampe nachts nicht in der Dickung suchen. So brachen wir für den Abend ab und fuhren nach Hause. Wir fanden die Sau, einen Frischling von ca. 30 kg aufgebrochen, mit sauberer Kugel am nächsten Morgen 50 Meter vom Anschuss entfernt.

Die zweite Sau schoss der Freund in der Zeit der ersten Ölkrise. Man durfte als deutscher Bürger privat am Wochenende den PKW nicht einsetzen. N. B. hätte als Schwede natürlich fahren dürfen, aber das kam für ihn nicht in Frage. Nein, auch als Ausländer wolle er nicht mit dem PKW fahren, wenn wir als Deutsche das nicht durften. Er wollte stattdessen mit einem Fahrrad, das wir schon seit Jahren nicht mehr benutzt hatten, losradeln. So fuhr er zu einer einige Kilometer entfernten Kanzel mit dem Namen *Calvados*.

Er ist lange geblieben. Ich war nach einer ergebnislosen Pirsch längst wieder zu Hause und saß im warmen Zimmer, als ich es auf der Treppe rumpeln hörte. Draußen stand N. B. mit dem Fahrrad, dem Gewehr auf dem Rücken und einem Frischling quer auf dem Gepäckträger! Er hatte doch tatsächlich nach zweistündigem Ansitz sauber einen Frischling geschossen, der dieses Mal im Knall lag. Dann hatte er ihn fachgerecht aufgebrochen, verpackt und über eine lange Strecke auf Sandwegen durch die Nacht nach Hause gebracht! Er fand das ganz selbstverständlich und nicht weiter als anerkennenswerte Leistung zu diskutieren. Mich hat das allerdings so beeindruckt, dass ich später jedes Mal an N. B.'s Radtour dachte, wenn ich im PKW weich gefedert am *Calvados* vorbeifuhr.

Jahre danach kam N. B. erst spät abends von der Fähre in Travemünde. Wir hätten eigentlich längst im Wald sein sollen, als wir immer noch zu Hause saßen und die wichtigsten Neuigkeiten austauschten. Schließlich brachen wir bei gutem Mondlicht und sicherlich 25–30 cm hohem Schnee doch noch auf. Ich hatte für N. B. eine relativ gut zu erreichende Kanzel ausgesucht, wies ihn von der gepflügten Straße aus ein und fuhr selbst in einen anderen Revierteil. Gegen Mitternacht wollten wir uns zu Hause treffen.

Es wurde eine Mondnacht, wie sie nicht schöner sein konnte. Es herrschte helles Licht, der lockere Schnee schluckte alle Geräusche, die Temperatur lag nur wenig unter dem Gefrierpunkt. Kurz, es war eine Nacht, von der man wünschte, sie ginge nie vorbei und man selber würde nie müde. Es war eine Nacht voller Stille, voller Geheimnisse und zugleich voller Spannung. Ich sah in einem Kiefernaltholz drei Stück Kahlwild, später einen einzelnen Hirsch, aber keine Sau, keinen Fuchs, bis ich schließlich beim Blick auf die Uhr vollkommen überrascht feststellte, es wäre Zeit nach Hause zu fahren.

Dort stand bereits N. B.'s blauer Volvo. Na, dachte ich, der gute Freund ist noch nicht in der richtigen Stimmung, sonst wäre er nicht schon vor mir zurück. Doch wurde ich stutzig, als ich auf der Treppe Schweißtropfen im Schnee entdeckte. Sollte N. B. ...? Ich hatte keinen Schuss gehört, und so weit voneinander entfernt hatten wir doch eigentlich nicht gesessen.

Mit solchen Gedanken erreichte ich schließlich den Hauseingang und sah – ich traute meinen Augen nicht – ein ziemlich beachtliches Schwein neben der Tür im Mondlicht liegen. Na, schoss es mir durch den Kopf, ist die nicht ein wenig zu stark? Beim genaueren Betrachten im Schein der Hauslampe zeigte sich, dass der Schuss gut war, beide Blätter nicht zerschossen. So weit war ich gekommen, als sich die Haustür von innen öffnete und meine Frau und N. B. mit dem Sektglas in der Hand fröhlich heraustraten. Zunächst erfuhr ich nur, dass N. B. schon seit zwei Stunden wieder zu Hause war und die Sau exakt 49,5 kg wog, also unter der Gewichtsgrenze von 50 kg lag. Einzelheiten kämen später. So gratulierte ich und wünschte kräftig „Weidmannsheil". Kurze Zeit später saßen wir zu dritt um den runden Messingtisch, hatten eine neue Flasche entkorkt und ließen N. B. berichten:

Nachdem ich ihn eingewiesen hatte, sammelte er seine Sachen wie Decke, Glas, Gewehr, Rentierfell als Sitzunterlage und Handschuhe zusammen und machte sich auf den Weg zur Kanzel. Sie stand an einer ziemlich breiten Schneise mit westlich angrenzenden Eichenbeständen, in denen die Sauen in den letzten Tagen ständig nach Eicheln gebrochen hatten. Obwohl die Entfernung zur Kanzel vom Auto aus nur ca. 150 Meter betrug, war es ein schwieriges Unterfangen, sie so vollbepackt hangaufwärts bei hier – auch durch das Blaubeerkraut – nahezu knietiefem Schnee zu erreichen. Als das geschafft war, hieß es Sitzbrett und Gewehrauflage vom

Schnee zu befreien, die Sachen griffbereit abzulegen und sich selbst möglichst bequem und gemütlich einzurichten. Schließlich aber saß N. B. und lauschte in die stille, verschneite und vom diffusen Mondlicht erhellte Nacht.

Nach meiner Beschreibung sollten die Sauen auf etwa 80 Schritt südlich kommen. Dort verliefen die Wechsel. Ihnen galt N. B.'s konzentrierte Aufmerksamkeit, bis er nach kurzer Zeit des Wartens hinter sich Geräusche vernahm. Er wandte sich um und blickte in die Richtung, aus der er gerade gekommen war. Dort sah er schon mit bloßem Auge drei dunkle Klumpen, nahm das Glas und erkannte drei Sauen, die am Rande der Schneise unter den Eichen brachen. Nach vorsichtigem Umdrehen – weder Sitzbrett noch Kanzel knarrten – kam er schließlich zu dem Schluss, es müsse sich um drei etwa gleich starke Sauen handeln. Da das von der Stärke her keine Frischlinge sein konnten, da sie aber unzweifelhaft etwa gleich stark waren, musste es sich um Überläufer handeln. Überläufer waren frei. Aber nur bis zu der Gewichtsgrenze von 50 kg. Die galt auch für Schweden. Wogen diese Überläufer mehr?

N. B. prüfte und entschied, die Gewichtsgrenze werde mindestens bei dem einen, wohl doch etwas schwächeren Stück nicht überschritten. Der Schuss fiel. Die Sau lag im Knall. N. B. war noch auf seiner Kanzel selbst überrascht, als er die Sau nach dem Schuss als dunklen Klumpen aus dem Schnee herausragen sah.

Doch der richtige Schreck kam, als er vor ihr stand und sie auf einmal mächtig stark erschien. Doch zu stark? Das Aufbrechen erforderte schon richtig Kraft, zumal der tiefe Schnee und das für solche Tätigkeit doch recht schwache Licht die Arbeit auch nicht gerade erleichterten. Doch N. B. schaffte das und schleppte die Sau den Hang hinunter zum Wagen. Dabei wurden die Fragen immer drängender: Kann eine Sau mit unter 50 kg aufgebrochen überhaupt so schwer sein? So wich die anfängliche Freude allmählich der Sorge und ersten Selbstvorwürfen, eine falsche Sau erlegt zu haben. Selbst der Volvo muckte leicht auf, als N. B. das schwere Stück in den Kofferraum gewuchtet hatte und nach Hause fuhr.

Meine Frau war überrascht, N. B. schon so schnell nach Hause kommen zu sehen. Sie hörte sich die Geschichte an, betrachtete die Sau und meinte, sie wollten erst einmal das Gewicht des Stückes ermitteln. So wurde die Waage geholt, im Lampenlicht vor dem Haus aufgestellt und die Sau gewogen. Es ergaben sich die oben genannten 49,5 kg.

Die Seufzer der Erleichterung gingen bald im Knallen der Sektkorken unter, und es blieb nicht bei der ersten Flasche, zumal wir ja immer wieder auf das sichere Augenmaß unseres schwedischen Freundes anstoßen mussten.

Ein bunter Frischling

Wegen der der Ölkrise galt am Wochenende gerade erneut Fahrverbot. Diesmal herrschte um den Vollmond herum Winterwetter mit gut 10 cm hohem Schnee und leichten Minusgraden, und das alles bei nicht zu stark bewölktem Himmel. Ob mit oder ohne PKW – unter solch optimalen Bedingungen stand natürlich die nächtliche Saujagd im Mittelpunkt aller Überlegungen.

Mein Vater hatte am Vormittag zu Fuß ein größeres Waldgebiet abgefährtet und eine gut von den Sauen angenommene Kirrstelle mit etwas frischem Mais versorgt. Beim Mittagessen wurden die Pläne für den Abend geschmiedet.

Der Vater hielt diese nur etwa zweieinhalb Kilometer von unserem Haus entfernte Kirrung für den Abendansitz für besonders geeignet. Er war sich sicher, die Sauen würden dort kommen. Der Wind passte, und man kam ohne zu stören gut hin.

Er wollte sich also dort vom späten Nachmittag bis gegen 22.00 Uhr ansetzen. Nun gut, der Weg war ja nicht zu weit. Länger als eine Dreiviertelstunde würde er wohl kaum dorthin gehen müssen, und es herrschte wirklich ein traumhaftes Winterwetter. Dazu kam als Folge des Fahrverbotes die vollkommen ungewohnte Stille. Es war wie im Märchen, alle Bäume im Garten und rund um das Haus waren verschneit, die Kinder tobten den ganzen Tag über im Schnee herum, der Schornstein dampfte. Und Ruhe lag über dem Land.

So reizte es meine Frau, mit dem Schwiegervater hinauszumarschieren und gemeinsam mit ihm in die Winternacht zu lauschen und zu warten, ob die Sauen kommen würden. Aber wer sollte dann die Kinder hüten?

Das war weder für meinen Vater noch für meine Frau eine Frage oder ein Problem: Ich. Diskussion und Widerrede halfen nicht. Es wurde mehrheitlich beschlossen, dass ich bis 22.00 Uhr im Haus zu bleiben und für die Kinder zu sorgen hätte! Später würden sie nach den Anstrengungen des Tages sicher so fest schlafen, dass auch ich problemlos eine Nachtpirsch starten könnte.

So zogen die beiden am späten Nachmittag mit dem Schlitten, auf dem sie ihre Utensilien einschließlich der warmen Schlafsäcke verstaut hatten, zu ihrer offenen Kanzel an der Kirrung. Ich hatte einen ruhigen und gemütlichen Abend. Die Kinder schliefen schnell ein, ich konnte ungestört lesen. Na ja, ab und zu blickte ich dann doch nach draußen, um zu sehen, wie sich die Nacht entwickelte, ob die Wolken dichter wurden oder das Licht weiterhin so traumhaft gut blieb. Kurz vor 22.00 Uhr hielt es mich nicht mehr im Haus. Ich zog das Schneehemd an, nahm das Gewehr und wollte eine Runde vom Haus aus durch die angrenzenden Bestände pirschen.

Doch hatte ich kaum den Garten verlassen, als ich in dieser unbeschreiblich schönen Stille der hellen Nacht undefinierbare Geräusche vernahm. Es hörte sich an wie ein merkwürdiges Schurren – dann war aber auch wieder überhaupt nichts mehr zu vernehmen.

Ich lauschte, dann erklang wieder dieses Schurren – es war so im Grenzbereich des Hörbaren, dass man zunächst auch die Richtung, aus der die Töne kamen, nicht feststellen konnte. Die Ursache war mir zunächst vollkommen unklar. Sauen oder andere Tiere konnten solche Geräusche nicht verursachen, unter der Schneelast brechende Äste oder Zweige konnten das auch nicht sein.

Aber die Geräusche wurden deutlicher und regelmäßiger. Dann war auch die Richtung, aus der sie kamen, zu ermitteln: Die Töne kamen von der Lindenallee her. Ich blieb auf einer Linie, die zu ihr hinunterführte, stehen und lauschte. Ja, ich täuschte mich nicht, von dort her kam dieses immer deutlicher zu erkennende Schurren. Ich griff zum Glas und sah schließlich zwei ziemlich unförmige Gestalten in leicht nach vorn gebeugter Haltung von rechts nach links gehen.

Es dauerte ein Weilchen, bis mir klar war, dass es sich bei den beiden Personen wohl um meine Frau und meinen Vater handelte, die auf dem Heimweg waren und ihren Schlitten hinter sich herzogen. Der Schlitten verursachte die schurrenden Geräusche, wenn er an Stellen, die der Schneepflug besonders sauber geräumt hatte, mit seinen Kufen die Schwarzdecke des Weges berührte! Das also war die Erklärung für die ungewohnten Geräusche in der Nacht, aber damit war die Unförmigkeit der beiden Figuren noch nicht erklärt.

Inzwischen waren beide meinen Blicken zwischen den Alleebäumen in Richtung Haus entschwunden. Ich brach also meine gerade begonnene Pirsch ab und kehrte um. Als ich um die Hausecke bog, schleppten die beiden gerade eine Sau die Treppe hinauf! Man sah es auf die kurze Entfernung trotz des Mondlichtes auf den ersten Blick: Es war ein bunter Frischling! Sie hatten in der Nacht einen bunten Frischling geschossen! Das war phantastisch. Bunte Sauen kamen zwar immer wieder einmal vor, aber sie waren doch selten. Ihre Ansprache war ja bei Tageslicht ganz einfach und unproblematisch, aber nachts verschwimmen die ohnehin nicht sehr ausgeprägten Farben. Da ist es wirklich ein Meisterstück, aus einer Rotte nicht nur einen passenden, sondern auch noch einen bunten Frischling herauszusuchen. Und einen sauberen Schuss hatte das um 30 kg geschätzte Stück außerdem auch noch. Es war also verständlich, dass die Sau am Anschuss lag.

Ich habe also Saujäger und -jägerin gebührend bewundert und mit fröhlichem Lob und Anerkennung nicht gespart. Lob verdiente aber auch die Tatsache, dass sie die Sau – ähnlich wie N. B. auf dem Gepäckträger des Fahrrades – auf dem Schlitten mit nach Hause gebracht hatten. Neben dem Stück war auf dem Gefährt natürlich kein Platz mehr für die Schlafsäcke. Deswegen hatten sie sich diese um den Hals geschlungen, wodurch das unförmige Aussehen zustande kam. Damit hatten sowohl das seltsame Schurren wie der merkwürdige Habitus eine Erklärung gefunden.

Wir versorgten die Sau und gingen in das Haus. Ich wollte hören, wie das nun alles im Detail abgelaufen war: Die beiden hatten also rechtzeitig auf ihrer Kanzel gesessen. Sie lag am Rande eines nicht sehr breiten, in Ost-West-Richtung verlaufenden Weges mit einer Kieferndickung zur rechten und einem älteren Kiefern-Fichten-Mischbestand mit einzelnen Eichen zur linken Hand.

In den Daunenschlafsäcken sei es wunderbar warm gewesen, und sie hätten auch überhaupt nicht gefroren. Noch im letzten Tageslicht sei eine Ricke mit Kitz vorbeigebummelt, aber Vater hätte natürlich nicht geschossen. Wer wird denn schon auf ein Reh schießen, wenn man auf Sauen wartet? Viel später sei ziemlich weit hinten Rotwild von Nord nach Süd über die Bahn gezogen – man habe aber nicht mehr zählen können, dazu war die Entfernung zu groß und das Licht schon zu schlecht. Dann war es lange Zeit ziemlich dunkel und nichts mehr zu sehen und nichts zu hören gewesen.

Mit dem aufsteigenden Mond hätten sie aber zunehmend wieder besser sehen können. Es hätte sich jedoch nicht einmal ein Häslein blicken lassen. Trotzdem wäre es wieder spannend und faszinierend gewesen, auf der Kanzel zu sitzen und in die stille Nacht des Waldes zu lauschen. Nach langer Wartezeit war meiner Frau schließlich so, als hätte sie etwas gehört, irgendeinen undeutlichen Laut. Vater hatte nichts vernommen. Seit Russland war er hörgeschädigt, und deswegen waren hier die scharfen Ohren der Schwiegertochter natürlich auch besonders willkommen.

Dann hörte meine Frau eindeutig Sauen zur linken Hand. Sie kamen also näher. Damit sei die Spannung geradezu hochgeschossen. Doch die Linie blieb noch längere Zeit leer. Vermutlich brachen die Sauen unsichtbar nicht weit entfernt im Bestand. Man hörte hin und wieder etwas und hatte dabei den Eindruck, dass das Geräusch lange Zeit von derselben Stelle kam. Beide hatten die Gläser längst am Kopf und beobachteten den linken Rand des Bestandes. Eine Zeit lang vergeblich, doch dann erschienen die Sauen auf der Bahn.

Erst kam ein Stück, dann ein zweites, jetzt Nummer drei, und dann war es plötzlich eine ganze, ziemlich starke Rotte. Vater berichtete, sie hätten nun beide mit ihren Gläsern sehr sorgfältig in dem durcheinander quirlenden Pulk ein Stück nach dem anderen anzusprechen versucht und dabei mehrere stärkere Stücke als Bachen, dann wohl auch einige Überläufer, vor allem aber mindestens zwei Gruppen unterschiedlich starker Frischlinge erkannt. Plötzlich habe meine Frau den Vater angestoßen und auf einen Frischling im rechten Teil der Rotte hingewiesen – da sei ein schwarz-weißes, ein buntes Stück. Es habe einen Augenblick, gedauert, bis sich beide einig waren, dass dem so war. Natürlich galt von nun an alle Aufmerksamkeit nur diesem Stück. Vater hätte das Gewehr genommen und den Frischling durch das Zielfernrohr beobachtet, während meine Frau ihn mit dem Glas verfolgte. Aber er war zunächst ständig im Pulk der Rotte und nicht frei, dann hätten wieder andere Frischlinge dahinter gestanden, kurz, es sei geradezu nervenaufreibend gewesen. Zigmal hätte man irgendeinen Frischling schießen können, ohne eine andere Sau zu gefährden, aber dieser bunte wäre ständig wie von einem Schutzschild von anderen Sauen umgeben gewesen.

Sie hätten sich beide im Stillen gefragt, wie lange die Sauen wohl noch nach den einzelnen Maiskörnern im Schnee suchen, wann sie weiterziehen würden. Sie überlegten, wie viel Zeit noch verbliebe, bis die Bühne wieder leer wäre. Doch dann endlich hätte es für einen kurzen Augenblick eine Chance gegeben. Der bunte Frischling stand breit und frei, und im selben Moment knallte es. Im Mündungsfeuer wäre zunächst nichts zu sehen gewesen. Man hätte die Rotte nach rechts hin abgehen und in der Kieferndickung noch eine Zeit lang brechen hören, und dann hätte man den dunklen Hügel auf der Linie erkennen können – die Sau lag am Anschuss. Beide hätten sich aus ihren Schlafsäcken geschält und Minuten später vor dem bunten Frischling gestanden.

Das anschließende Aufbrechen und Verladen des Stückes sei trotz des schwachen Lichts natürlich reine Routine und weiter nicht schwer gewesen, der Schlitten habe sich auch gut ziehen lassen, nur die auf den Schultern um den Hals baumelnden Schlafsäcke hätten etwas Schwierigkeiten gemacht. Aber schließlich wären sie ja mit der Beute warm und munter zu Hause gelandet.

Musste ich da nicht mein Glas erheben, um auf das Wohl eines solchen Jägers und einer solchen Jägerin zu trinken? Ich konnte mir doch jetzt den ganzen Ablauf so lebendig vorstellen, als sei ich selbst als Dritter mit auf der Kanzel gewesen.

So köpften wir die zweite Flasche und dann ergab sich gewissermaßen bröckchenweise, dass der Vater in Wirklichkeit auf den erstbesten Frischling geschossen hatte, der frei stand. Er lag auch wirklich im Knall. Doch wir waren schließlich uneins über der Frage, wer wohl die größere Überraschung erlebt hätte, die beiden, als sie vor dem erlegten Frischling standen und sahen, dass sie da ganz zufällig ein buntes Stück gestreckt hatten, oder ich, als ich den tatsächlichen Hergang erfuhr? Doch zeigt sich nicht auch an diesem Fall wieder einmal, dass eine Geschichte viel spannender sein kann als die reine Wahrheit? Und macht es nicht heute noch Freude, wenn man sich vorstellt, wie da zwei Menschen mit einer Sau auf dem Schlitten in einer Winternacht zweieinhalb Kilometer durch die verschneiten Wälder stapfen und sich dabei die Geschichte ausmalen, die sie gleich dem die Kinder hütenden Mann und Sohn erzählen werden?

Ein verpasster Keiler

Im Laufe des Sommers hatte ich in einem ziemlich eng begrenzten Gebiet wiederholt eine vorn rechts laufkranke, schwache Überläuferbache mit drei Frischlingen beobachtet. Trotz ihrer – offensichtlich verheilten – Behinderung führte sie ihre kleine Rotte sicher und umsichtig. Manchmal kam sie gemeinsam mit zwei oder drei weiteren Überläufern. Man konnte also mit dem Schuss angesichts der noch gestreiften, schwachen Frischlinge in aller Ruhe bis zum Herbst warten und auf spätere Begegnungen an einer zwar regelmäßig, aber stets nur sehr spärlich beschickten Kirrung

Ein Keiler im Gebrech

hoffen. Dann wären auch die Frischlinge schon so weit gewachsen, dass sie selbstständig gut durch das Sauleben kämen.

Als schließlich der Herbst kam und auch der Hubertustag vorbei war, zeigten die Fährtenkontrollen: Die Rotte hielt ihr Einstandsgebiet und erschien immer wieder an dieser Kirrung. Ab und an waren zwischen den bekannten auch einzelne etwas stärkere Schalenabdrücke zu finden. So kam der Mond Ende November. Es war nasskalt und dazu meistens ziemlich stark bewölkt. Es waren also alles andere als gute Nachtjagdbedingungen, aber ich wollte es trotzdem versuchen. Die Mondphasen gehen manchmal so schrecklich schnell vorbei.

Ich bezog also meine Kanzel mit Schlafsack, Hund und Gewehr und richtete mich für ein längeres Bleiben ein. Kalt wurde mir nicht, denn inzwischen hatte ich längst gelernt, dass sich mein damaliger Cocker Agra als Fußwärmer in meinem Schlafsack viel wohler fühlte als unter der Kanzel auf dem feuchten, kalten Waldboden. Und mir bekam umgekehrt die Wärme des Hundes auch ausgezeichnet.

Also war die Reihenfolge die, dass zuerst die üblichen Utensilien nach oben gebracht wurden. Dann galt es, den Hund zu holen. Danach wurde der Schlafsack entfaltet, der Hund hineinbugsiert, ich stellte die Gummistiefel zur Seite und stieg nur mit Strümpfen an den Füßen in den Sack. Als das alles seine Ordnung hatte, wurde zum Schluss die Kapuze über den Kopf gestülpt und der Reißverschluss bis zum Kinn zugezogen. Da mochte es kalt sein und der Wind blasen – im Schlafsack fühlte ich mich wie in einem warmen Alkoven.

So richtete ich mich auch in dieser Nacht ein. Besonders reizvoll war sie nicht. Nasskalt, obwohl man wegen der Verpackung nicht fror, doch windig zugleich und immer wieder so dichte Wolken, dass man zeitweise praktisch gar nichts sehen konnte. Wir hielten dennoch aus. Die dann und wann auch wieder sehr schön sichtbare Scheibe des Mondes wanderte langsam nach rechts, nach Westen.

Dann kamen sie. Man hörte sie lange, bevor man etwas sehen konnte. Wieder war das Licht schlecht, und die Sauen eben als drei oder vier dunkle Klumpen mehr zu ahnen als zu erkennen. Es wurde heller, jetzt war es möglich, wenigstens näherungsweise anzusprechen. Ja, ein stärkeres und drei schwächere Stücke. Die Sache schien vollkommen klar, es war die laufkranke Bache mit ihren drei inzwischen ziemlich gewachsenen Frischlingen. Dass man das Schonen des Vorderlaufs gerade nicht sehen konnte, lag natürlich an dem schlechten Licht. Als es wieder einmal etwas heller wurde, fiel also der Schuss auf eines der schwächeren Stücke, einen der drei vermeintlichen Frischlinge. Die Bache hatte ja mit der Aufzucht ihrer drei Frischlinge die eigene Lebensfähigkeit und Tüchtigkeit bewiesen und den ehemals verletzen Lauf längst ausgeheilt. Warum sie also schießen?

Nach dem Schuss war die Bühne leer, nur in der Dickung hörte man es noch einen Moment lang poltern. Nach hinreichender Zeit des Abwartens fand ich die Sau am Rande der Dickung. Es war eine schon etwas stärkere Überläuferbache. Ich zog sie an den Weg und hatte beim Aufbrechen in dem schlechten Licht wirklich Mühe. Die Waage erwies sich später als gnädig, das Stück wog 54 kg und lag damit gerade noch innerhalb der Toleranzgrenze, die damals hieß: „50 kg zuzüglich 10 %"!

Wie konnte das passieren? Das Licht war zwar nur mäßig, aber ich war sehr sicher, auf eines der schwächeren Stücke geschossen zu haben. Dies Stück war außerdem vor dem Schuss kerngesund und wies keinerlei verheilte Verletzungen auf.

Eine Kontrolle der Fährten am folgenden Vormittag bei Tageslicht offenbarte des Rätsels Lösung. Die Fährte stand deutlich sichtbar in dem regenfeuchten Sand. Nun schien mir die Erklärung relativ einfach: Statt der erwarteten Rotte aus laufkranker Bache mit drei Frischlingen war ein starker Keiler mit drei Überläuferbachen aufgetaucht. Die Proportionen zwischen den einzelnen Stücken waren so in etwa dieselben wie bei der erwarteten Rotte, aber ich hatte die tatsächlichen Größenverhältnisse trotz der geringen Entfernung nicht erkannt. So verpasste ich einen starken Keiler, doch später gab es neue Chancen.

Nächtliche Pirsch auf Sauen

Der große Reiz des nächtlichen Ansitzes auf einer offenen Kanzel auf Sauen bei Mond und möglichst auch noch Schnee liegt vor allem darin, dass man den Zauber und die spannungsvolle Ruhe solcher Nächte gewissermaßen aus der Wartestellung heraus genießt. Hingegen besteht die Faszination der nächtlichen Pirsch in der eigenen Aktivität, der Suche nach einer Antwort auf die Fragen: „Wird man die Sauen finden, wird der Wind stetig sein, wird man sie finden und zu Schuss kommen?"

Für mich bleibt die nächtliche Pirsch die Krone der Schwarzwildjagd. Aber auch sie hat natürlich ihre Grenzen. Wer zu oft und zu nervös pirscht und das auch noch bei ungeeigneten Rahmenbedingungen tut, wird kaum Erfolg und das Revier bald leer gepirscht haben. Sinnvoll ist nächtliche Pirsch deswegen nur, wenn mehrere günstige Faktoren gleichzeitig vorliegen. Der Mond muss so hell sein, dass man wirklich gut sehen kann. Eine leichte Decke aus lockerem Schnee und wolkenloser bis höchstens leicht verhangener Himmel begünstigen das Vorhaben. Der Schnee darf keinesfalls verharscht oder das Thermometer so tief gesunken sein, dass man im knirschenden Schnee jeden Schritt meilenweit hören kann. Der Wind darf nicht zu stark sein und muss stetig aus derselben Richtung wehen.

Man muss wissen, in welchen Beständen die Sauen gerade bevorzugt brechen und nach Eicheln oder Bucheckern der vorangegangenen Mast suchen. Dann müssen dort gute Sichtverhältnisse vorliegen. Ideal sind hier ältere Eichen- oder Buchenbestände ohne oder mit nur wenig Verjüngung. Wenn man diese Faktoren alle zusammennimmt, bleiben im Laufe eines normalen Winters in unseren Regionen nur wenige Tage, die sich für eine nächtliche Pirsch wirklich eignen. Doch wenn dann alles optimal läuft, ist das Erlebnis kaum zu steigern. Mondnächte tauchen in meiner Erinnerung auf, Nächte, in denen man nach ein oder zwei Stunden schon wieder zu Hause war, mit Sau, ohne Sau, immer wieder voller Spannung und Dramatik.

Orientierungslos

Noch in unserer Jugendzeit wollten Freund J. K. und ich in einer solchen Nacht einen riesigen Eichen-Buchen-Komplex in einem schwach hängigen und welligen Gelände regelrecht nach Sauen durchkämmen. Es herrschten bei einer leichten Schneedecke und Mond optimale Bedingungen. Ich sollte mich wegen fehlender Ortskenntnis am nördlichen Bestandesrand orientieren, während der Freund seinen Weg südlich, linker Hand von mir, suchen wollte. So pirschten wir parallel zueinander im Abstand von ca. 300 m von Osten her kommend gegen den leichten Wind aus westlicher Richtung. Wir wollten uns nach etwa eineinhalb Stunden am jenseitigen Rand dieser Bestände wieder treffen, um dann über das weitere Vorgehen zu sprechen.

Lange Zeit sah ich außer den Bäumen im Schnee nichts als dunkle Stellen, die sich stets bald als Stubben entpuppten. Wir hatten für die vor uns liegende Strecke gut Zeit eingeplant. So blieb ich immer wieder für einige Minuten stehen, suchte mit dem Glas das vor mir liegende Gelände ab und glaubte mich dann erneut ein Stückchen weiter geradeaus in westliche Richtung voranzuschieben. Meinen Bestandesrand meinte ich im Vorwärtsschreiten rechter Hand immer deutlich erkennen zu können. So pirschte ich langsam westwärts, sah lange Zeit aber gar nichts.

Dann entdeckte ich schräg links vor mir ein dunkles Etwas zwischen den Stämmen im Schnee. Es konnte eigentlich kein Stubben sein. Allerdings war mit dem Glas bei bestem Willen und durchaus gutem Licht nicht zu erkennen, was das denn eigentlich war. Stubben schied irgendwie aus, einzelne Sau? Aber warum bewegte sich das Stück überhaupt nicht? Nein, das konnte kein Tier sein.

Ich strich mit dem Glas am Stamm einer Eiche an, um genauer sehen zu können – auch das brachte nichts: Irgendetwas Ungewöhnliches musste das sein, aber es war weder Holz noch Stubben, kein Schnee lag an den oberen Kanten. Der Klumpen wirkte bei dem herrschenden Licht von den Umrissen her schon wie eine Sau, aber er bewegte sich nicht. So ging das über eine scheinbare Ewigkeit. „Ach, doch wieder eine Täuschung, geh weiter", gingen mir die Gedanken schließlich durch den Kopf. Und dann streckte sich der dunkle Klumpen plötzlich in die Länge. Ein eisiger Schreck durchfuhr meinen Körper: Da hatte ein Mensch vor mir im Schnee gehockt!

Ich hatte in dem fremden Wald im Mondlicht die Orientierung verloren, hatte mich vom Bestandesrand in südliche Richtung entfernt, war im Bogen nach links abgekommen und so dem Freund buchstäblich vor die Büchse gelaufen.

Er hatte zunächst nur etwas gehört, mich aber nicht gesehen und war allein des Geräusches wegen in die Hocke gegangen. So kam es zu dem dunklen Etwas, das ich nicht ansprechen konnte. Beide hatten wir minutenlang mit der Waffe in den Händen einander gegenübergestanden.

Man braucht dieses Erlebnis nicht weiter zu kommentieren. Es spricht für sich selbst. Wir hätten im Nachhinein beide gern auf eine solche Begegnung verzichtet. Aber der Reiz des nächtlichen Pirschens durch den verschneiten Wald ließ uns nicht los, nur noch viel vorsichtiger sind wir danach geworden.

Auch ein kurzer Pürzel kann täuschen

Jahre später traf ich einmal nach langer, vergeblicher Suche die Sauen eigentlich erst auf dem Heimweg. Sechs oder sieben brachen in einem Eichenbestand in ziemlich tiefem Schnee. Es war kein deutlich stärkeres Stück erkennbar. Frischlinge ohne Bache? Überläufer? Komisch. Ich „untersuchte" ein frei stehendes Stück genauer und stellte fest, dass es einen typisch kurzen Frischlingspürzel hatte. Also schien die Sache klar: Alles Frischlinge. Ich kniete mich an eine Eiche, wartete, bis mein Frischling breit stand, und schoss. Ich kam gut ab, das Stück flüchtete nach links, während die übrige Rotte nach rechts hin abging.

Die Sau lag 50 Meter vom Anschuss entfernt. Aber was da lag, war keinesfalls ein Frischling, sondern ein wohlgenährter Überläufer – das konnte man jetzt aus der Nähe selbst bei Mondlicht auf den ersten Blick erkennen.

Der zweite Blick richtete sich natürlich auf den Pürzel: Sollte ich mich denn so verguckt haben? Nein, hier war statt des normalen Pürzels tatsächlich nur ein kurzes „Stummelschwänzchen" vorhanden – der längste Teil fehlte, wahrscheinlich bei irgendeiner Rauferei verlorengegangen. Nun ja, es war eine Überläuferbache mit 40–50 kg. Ich hatte wieder einmal Glück gehabt.

Drei in einer Nacht

So unglaublich es auch klingen mag, in einer späteren Nacht wurden drei Sauen meine Beute. Ich suchte sie zuerst an einer öffentlichen Straße. Mir war vom Auto aus aufgefallen, dass die Sauen in dem auf die Bankette gepflügten Schnee offenbar nach Streusalz suchten. Die Straßenränder wirkten manchmal morgens geradezu wie umgepflügt. In der nächsten Mondphase war es dann nicht mehr schwierig, sie dort auch tatsächlich zu finden. Als einer der Frischlinge breit auf der Böschung verhoffte, fiel der Schuss. Das Stück lag im Knall, schlegelte ein wenig und rutschte verendend in den flachen Straßengraben. Die Sau war sehr einfach zu bergen.

Es hatte schnell geklappt. Die Nacht hatte eigentlich gerade erst angefangen, und das Licht war gut. So fuhr ich, mit der Sau im Kofferraum, in einen Laubholzkomplex mit sehr alten Eichen, stellenweise Beerkraut und einigen unterständigen Buchen. Die Sauen waren hier jede Nacht, suchten und brachen nach den unter dem Schnee liegenden Eicheln und nach Mäusen. Ich hatte bei zehn bis höchstens 20 cm Schneehöhe recht gute Sichtbedingungen.

Ich stellte den Wagen ab, prüfte noch einmal den Wind und pirschte dann, von Osten kommend, gegen den westlichen Wind langsam vorwärts. Das Licht war gut, der Wind war gut, der Schnee dämpfte jeden Laut und war so locker, dass er am Fortkommen überhaupt nicht hinderte. Es konnte nicht besser sein. Ich pirschte langsam voran und blieb, immer wieder beobachtend, an eine Eiche gelehnt, stehen.

Ich konnte weit genug sehen. Die Sichtverhältnisse waren so gut, dass ich sogar den hoppelnden Hasen rechtzeitig erkennen konnte. Es bestand hier überhaupt keine Gefahr, Wild zu übersehen oder aufzulaufen. So sah ich die drei Überläufer vor mir schon auf relativ weite Entfernung. Danach war es nicht besonders schwierig, sich ihnen auf Schussdistanz zu nähern. Einer lag im Knall. Die anderen beiden hatten offensichtlich nicht mitbekommen, von woher die eigentliche Gefahr drohte, und kamen auf der Flucht nach dem Schuss auf vielleicht 20 Schritt flüchtig breit an mir vorbei. Einen hatte ich richtig gut im Glas, wollte aber dann doch nicht nachts auf flüchtige Sauen schießen – so ließ ich sie ziehen. Es blieb also bei dem einen. Zum Glück. Denn dass dieser Überläufer jenseits der 50 kg-Grenze lag, wurde mir klar, als ich vor ihm stand. Ich hatte drei etwa gleich starke Sauen beobachtet, sie als Überläufer angesprochen und ihr Gewicht unterschätzt. Entsprechende Mühe machte zuerst das Aufbrechen und dann der Transport zum nächsten fahrbaren Weg.

Das alles verlief aber so programmgemäß und schnell, dass bis Mitternacht noch Zeit für weitere Aktivitäten blieb. Solche Mondnächte wie diese sind ja so überaus selten. Man muss sie einfach nutzen. Ich setzte um und pirschte in einem anderen etwa 100-jährigen Eichenbestand mit vereinzelten unterständigen Buchen weiter. Mittendrin lag eine kleine, etwa zwei Hektar große Fichtendickung. Auch unter diesen Eichen hatten Sauen regelmäßig gebrochen. Ich pirschte gegen den Wind von Nordosten her in den Bestand.

Ein dunkler Klumpen, scheinbar ein Stubben, 50–60 Schritt vor mir, lenkte meine Aufmerksamkeit auf sich. Ich war vorsichtig, dachte an Erlebnisse aus zurückliegenden Jahren. Aber hier und heute war ich allein im Wald; der Stubben schien tatsächlich ein Stubben zu sein. Er bewegte sich anscheinend weiterhin nicht.

So schob ich mich vorsichtig noch etwas voran. Der Schnee schluckte alle Geräusche. Als ich vielleicht noch etwa 40 Schritt entfernt war, hatte sich das Bild zwar nicht verändert, aber ich griff noch einmal zum Glas. Jetzt wurde mir klar: Das war eine Sau, die mit Wurf und Vorderläufen tief in einem Loch in der Erde steckte, während die Hinterläufe auf dem ebenen Waldboden standen. Deutlich war jetzt auch der hin- und herpendelnde Pürzel zu erkennen. Eine Quaste müsste auf diese Entfernung zu sehen sein. Das war aber nicht der Fall, hm, handelte es sich um einen einzelnen Frischling? Allenfalls konnte das ein schwächerer Überläufer sein. Stärkere Sauen sehen auf so kurze Entfernung anders aus. Doch die Sau steckte mit dem Vorderteil in ihrem Loch und schien sich im Übrigen nach wie vor nicht zu bewegen.

Noch einmal suchte ich mit dem Glas die Umgebung ab und entdeckte dabei schließlich weiter rechts mindestens noch zwei Sauen. Hier war ich also an eine Rotte geraten; das Stück vor mir war demnach kein einzelnes, auch wirklich nicht stark, es brach ja ganz nah vor mir. Ich vertauschte das Glas gegen die Waffe, entsicherte, strich am Stamm der vor mir stehenden Eiche an und musste eine scheinbare Unendlichkeit darauf warten, bis das Stück denn doch noch einmal aus dem Loch hervorkam und einen Augenblick breit stand.

Diesmal lief alles nach Plan: Als sich der vermeintliche „Stubben“ endlich aufrichtete, lag auch diese Sau im Knall. Das Gewicht stimmte, aber sie

Hier sind die Sauen nach dem Laubabfall in hellen Mondnächten zu finden.

passte trotzdem nicht mehr in den Kofferraum – ich musste sie am nächsten Morgen holen. Es blieb eine einmalige und nie wiederholbare Nacht.

Endlich ein reifer Keiler

Wir hatten trotz eines meist bewölkten Himmels wieder einmal eine herrliche winterliche Mondnacht, und natürlich hielt es mich nicht zu Hause. Die Sichtverhältnisse waren ausreichend, aber nicht ständig gut, sondern wechselten mit der Wolkendichte. Der erste Schnee war leider wieder getaut. Die Temperatur lag um den Gefrierpunkt, doch war das Laub nicht gefroren. Trotzdem musste ich mich sehr vorsichtig bewegen. Ich pirschte wieder bei nordwestlichem Wind von Osten her durch einen der Alteichenbestände, ließ mir Zeit und kam doch langsam voran, blieb stehen, lauschte, setzte den Weg fort und suchte immer wieder mit dem Glas das vor mir liegende Gelände ab. In dem Eichenbestand waren truppweise zwischen-, aber auch unterständige Buchen, einzelne Birken sowie einzelne Fichtenhorste eingesprengt. Nach Süden grenzten Kiefern-Fichten-Mischbestände an.

Über eine längere Strecke war nichts zu entdecken, ich sah auch kein anderes Wild, der Wald schien leer. Schließlich erreichte ich den westlichen Bestandesrand, ohne Kontakt zu den Sauen bekommen zu haben. Was tun? Den Bestand wechseln und zu einem anderen Bereich fahren oder hier das Ganze parallel nach Norden versetzt noch einmal wiederholen?

Auf dem Weg durch den Bestand hatte ich immer wieder frisches Gebrech gefunden. Die Eichen hatten im Herbst ganz gut getragen. Die Sauen waren hier und mussten also auch zu finden sein. So beschloss ich, zu bleiben und diesen Bestand noch einmal von Osten her, nur eben um 100–200 Meter nach Norden versetzt, aufzurollen. So umschlug ich ihn entlang der Südgrenze und versuchte mein Glück von der Ostseite her noch einmal.

Ich kam wieder Schritt für Schritt voran und hatte schließlich eine einzelne Sau vor mir. Sie erschien mir als ein starkes Stück, das sich langsam unter einer Eiche brechend nach links bewegte. Der hin- und herpendelnde Pürzel wirkte mit seiner starken Quaste schon fast wie ein Kuhschwanz.

Natürlich dachte ich da sofort an den berühmten Lebenskeiler und frei war der auch. Ja, dies war ziemlich sicher ein Keiler. Aber war er fünf Jahre oder älter, wog er aufgebrochen 100 kg oder mehr? Das waren schon schwierige Fragen, selbst wenn das Licht immer noch gut und die Entfernung gar nicht so groß war. Bei einer einzelnen Sau hat man ja nie die Möglichkeit zu direkten Größenvergleichen, aber hier hatte ich trotzdem keinen Zweifel, dies war eine wirklich starke Sau.

Ich zwang mich zur Ruhe, doch ich musste entscheiden. Ewig würde das Stück nicht auf mich warten. Noch brach es da unter der Eiche. Der Blick auf das Gebrech brachte nichts, dazu war die Entfernung zu groß, das Licht denn doch nicht ausreichend. Außerdem war die Sau auch noch ständig in Bewegung. „Ich muss näher an das Stück ran", dachte ich. „Immer, wenn das Haupt im Laub wühlt, einen oder auch zwei Schritte, dabei möglichst immer einen Baumstamm als Deckung nutzen und doch das Stück nicht aus dem Auge verlieren! Vorsichtig annähern!"

So kam ich tatsächlich näher. Jetzt wirkte das Stück in den Bewegungen ruhig, fast schwerfällig wie ein Bär. Aber ich konnte und konnte keine Waffen erkennen und war schließlich doch sicher: Der passt. Mit dem Schuss ging das Stück flüchtig nach links ab und war bald hinter den tief herabhängenden Ästen der unterständigen Buchen verschwunden! Dass ich bei diesem Licht kein Zeichnen gesehen hatte, war nicht weiter beunruhigend. Ich ging nach einigen Minuten des Abwartens zum Anschuss,

Wem Diana lächelt, der findet nachts den dicken Keiler.

konnte aber keinerlei Pirschzeichen entdecken. In der Nacht der Fährte zu folgen, machte absolut keinen Sinn. Doch dann kam die Versuchung, wenigstens einige Schritte nachzugehen. Es war ein wirklicher innerer Zwiespalt. Schließlich siegte aber doch die Vernunft, ich brach ab, um am nächsten Morgen die Nachsuche zu starten. Es wurde eine kurze, unruhige Nacht.

Tatsächlich war die Nachsuche bei Tageslicht ein leichtes Unterfangen. Schnell war der Anschuss gefunden, Anke verwies einige Borsten, aber keinen Schweiß. Die ersten Schweißtröpfchen entdeckte ich nach 40–50 Schritt und kaum abermals 50 Schritt weiter lag ein dicker, dunkler Berg: Wir hatten den Keiler gefunden. Er lag auf der Seite des Einschusses. Scharf und lang ragte das rechte Gewehr aus dem Gebräch, die Haderer krümmten sich über dem Wurf. Es war ein reifer Keiler. Mein erster. Diesmal hatte Diana buchstäblich gelächelt, ein Traum hatte sich erfüllt.

Ich hatte nach ungezählten Frischlingen an vielen Orten, aber auch ungezählten Ansitzen und Pirschen endlich meinen Keiler! Ja, so ein reifes Stück fiel einem nicht von selbst in den Schoß. Trotzdem verdankte ich es einerseits meinem nicht lockerlassenden Bemühen, andererseits aber doch dem Zufall. Jäger nennen das Ergebnis dann: Diana hat mir gelächelt.

Rothirsche

Vorbemerkung

Ich wiederhole mich, aber es ist wirklich in jedem Jahr dasselbe: Während man noch mit den Rehböcken in der Blattzeit beschäftigt ist, schaut das Auge bereits nach den Schlag- und Fegestellen der Hirsche. Dann werden die jagdlichen Aktivitäten in die Bereiche verlegt, in denen es zwar noch Böcke gibt, wo man aber das Rotwild nicht stört.

Wo Feisthirsche stehen, sollte man eigentlich die Bockjagd spätestens ab 1. August einstellen. Blattjagd und Feisthirsche vertragen sich nicht. In Rotwildgebieten sollte es eigentlich von diesem Datum an allein um das Hochwild gehen. Natürlich weiß ich, dass das aus vielerlei Gründen auch bei bestem Willen an vielen Orten nicht in Reinkultur gelingen kann, aber schon der Versuch ist doch löblich.

Den Erfolg wird man schon bald auch am Verhalten der Feisthirsche bemerken. Sie werden vertrauter. Zwar haben sie von alters her den Nimbus des heimlichen, kaum sichtbaren Waldgeistes. Dementsprechend werden noch immer Kompetenz und Ansehen des Jägers, dem es gelingt, einen solchen Recken beim morgendlichen Kirchgang zu erlegen, geachtet. Doch die Realität sieht oft anders aus: Feisthirsche stehen regelmäßig im Rudel beisammen. Die noch relativ langen Tage und kurzen Sommernächte bieten in ruhigen Revieren gute Beobachtungsmöglichkeiten. Bei keinen oder nur wenig Störungen halten die Hirsche gern ziemlich feste Wechsel zwischen den bevorzugten Äsungsgebieten und ihren kaum wechselnden Einständen ein. Da hat man besonders morgens gute Chancen, wenn sie etwa vom waldnahen Kartoffel-, Rüben- oder sonstigen Schlag bzw. von benachbarten Weideflächen bei gutem Licht zum Tageseinstand ziehen. Hinzu kommt, dass man meistens die Enden zählen sowie die Geweihstärke einschätzen und aus dem Vergleich der Figuren mehrerer Hirsche direkt nebeneinander auch das Alter verhältnismäßig zuverlässig ansprechen kann. Was bleibt, ist der Schuss, aber der ist natürlich bei vernünftiger Entfernung keinesfalls schwieriger als der auf einen Rehbock. Doch wo bleibt die Spannung des ganz Besonderen, wenn man unter solchen Rahmenbedingungen den Hirsch beim Einwechseln auf einer Schneise zwischen zwei Fichtendickungen zur Strecke bringt?

Dramatisch wird es unter solchen Umständen wohl nur dann, wenn es in Strömen gießt, die Kanzel nur unzureichend schützt und das Zielfernrohr im entscheidenden Augenblick total beschlagen ist, so dass man kaum die Umrisse des Ziels erkennen kann. Dann geht es „nur“ noch darum, ob man das Taschentuch schnell genug hervorzaubern und sich wieder Sicht verschaffen kann, bevor der Hirsch auf der anderen Seite in der Dickung verschwunden ist. Weidmannsheil, wenn es dennoch geklappt hat.

Doch das gilt eigentlich immer, für jedes beliebige Stück Schalenwild, das man mit der Kugel schießt. Aber die Krone der Jagd überhaupt bleibt aus meiner Sicht und für viele Jäger immer noch das Jagen auf den Brunfthirsch.

Allein das Warten und Lauschen auf den ersten richtigen Schrei, diesen faszinierenden Schrei im herbstlichen Wald, der buchstäblich die Herzen höher schlagen lässt. Man muss das Geschehen erlebt haben, allein und in gemeinsamer Aktion, einmal, zweimal, immer wieder. Frühmorgens, noch in der Dunkelheit, lange vor Büchsenlicht das Verhören, Pläneschmieden, Aufsuchen und notfalls auch Wechseln der Kanzeln, wenn sich das Konzert in eine andere als die vermutete Richtung verlagert. Da heißt es warten und handeln und permanent versuchen, sich gedanklich in die Hirsche hineinzuversetzen, um vorherzusehen, was sie vorhaben, und daraus für das eigene Verhalten die richtigen Schlüsse zu ziehen. Das ganze Geschehen ist eigentlich unbeschreiblich. Und das alles nicht allein zu erleben, sondern gemeinsam mit weiteren Jägern und einem gleichgesinnten Führer und Freund – das ist die Krone der Jagd, die man eigentlich nur in der Brunft so richtig voll auskosten kann.

Der Wuchtige

Ich wollte also einen bestimmten Hirsch eben nicht schon in der Feistzeit, sondern erst in der Brunft erlegen. So kümmerte ich mich im August um Tauben und später auch um Enten, sah einige Hirsche und Kahlwild. Aber ich kam dabei nie in ernsthafte Versuchung.

Wie alljährlich kam Ende August Bewegung in die Feisthirschrudel. Zuerst fehlte dieser Hirsch, dann jener. Schließlich sah ich gelegentlich an anderer Stelle auch einmal einen einzeln ziehenden Hirsch und wusste, die Hirsche begannen, sich zu ihren Brunftplätzen hin zu bewegen. Ich beobachtete so oft wie möglich „mein" Kahlwild, aber der erwartete Hirsch blieb aus. Ab dem 10. September begannen sich die Hirsche einzuschreien, Mitte September war die Brunft in vollem Gange.

Dann fiel mir nachts von der Hütte aus eine Stimme in östlicher Richtung auf – sie schien neu. Aber solche Einschätzungen sind eine sehr unsichere Sache. Die Stimme der Hirsche verändert sich während der Brunft. Trotzdem schien mir, dass diese mir schon aus dem Vorjahr bekannte Stimme die jenes Hirsches war, den ich nie zu Gesicht bekommen hatte.

Nach dem Gehör stand der Hirsch tagsüber vermutlich in einem riesigen, nahezu unerschlossenen Fichten-Buchen-Dickungskomplex. Nachts zog er in südlicher Richtung über eine schmale, kaum befahrene öffentliche Forststraße in ein großflächiges Buchenaltholz mit dichter Naturverjüngung. Morgens war er bei Eintritt des Büchsenlichtes schon wieder zurück im Einstand. Dort knörte er unsichtbar und unerreichbar in einem Roteichenhorst manchmal bis weit in den Vormittag hinein. Ich konnte das alles genau hören, aber zu sehen bekommen hatte ich diesen Hirsch auch in diesem Jahr bisher nicht.

Doch dann erreichte mich fernmündlich vormittags die Nachricht, ein Mitjäger habe beim Morgenansitz einen passenden Hirsch gesehen. Ich solle mich noch am Nachmittag desselben Tages an einem bestimmten Treffpunkt einfinden, alles Weitere wäre dort zu klären. Ich konnte es einrichten und war pünktlich an der vereinbarten Stelle.

Dort berichtete mir mein Weidkamerad sehr glaubwürdig davon, dass er am Morgen einen unbekannten, sicher alten, stärkeren Hirsch hinter dem Rudel habe in die Dickung ziehen sehen. Nach den Details der Beschreibung gab es eigentlich keinen Zweifel, es musste sich um den mir der Stimme nach bekannten Hirsch aus dem Vorjahr handeln.

In dieser alten Hütte lebte man mitten unter den Hirschen.

Wir überlegten, wo wir uns am besten ansetzen sollten. Schließlich wurde unter Zuhilfenahme von Karten und einem Luftbild entschieden, auf die nur ausnahmsweise benutzte – weil praktisch im Einstand gelegene – Kanzel zu steigen, von der aus der Hirsch am Morgen beobachtet worden war. Man sitzt dort wunderschön, ganz abgeschirmt in einem vollkommen ruhigen, unzugänglichen Winkel.

Der Wind passte gut. Es überraschte deswegen nicht, dass das erste Kahlwild bereits am späten Nachmittag auf der Schneise im Sonnenschein herumbummelte. Es waren fünf Stück, die langsam äsend auf uns zukamen. Der Wind war bestens, der Tag noch lang – war die Zeit reif für den Hirsch?

Das Wild kam näher. Das Leittier sicherte ab und an in Richtung der weit entfernten Straße, aber im Übrigen war hier alles in sich selber ruhende Gelassenheit. Dann tauchte plötzlich auf einer schmalen Schneise ein Spießer auf, wagte es, sich dem Wild zu nähern. Mein Führer und ich ahnten und hofften auf das, was nun eigentlich folgen musste. Prompt knörte es in der Dickung. Der Hirsch musste aufgestanden sein, man konnte ihn deutlich schlagen hören. Die Pulsfrequenz begann zu steigen. Würde *ER* erscheinen? Was hatte er drauf? Ob er wohl wirklich auch alt genug wäre? Je länger der Hirsch sich in der Dickung beschäftigte, umso mehr stieg die Spannung. Kam er auch nicht zu nah?

Das Wild äugte in Richtung des Hirsches in die Dickung, wendete plötzlich die Häupter zur entgegengesetzten Seite, sicherte und – zog in die Dickung. Eigentlich nicht verschreckt, nicht hektisch, aber es war schnell verschwunden. Der Hirsch verstummte – die Bühne war plötzlich leer und der Wald wie tot. Da vernahmen wir hinter uns ein Geräusch. Knickte da ein Ast, raschelte trockenes Buchenlaub? Es war nicht zu entscheiden. Doch dann war wieder etwas zu vernehmen, nun klarer erkennbar, nein, das konnte kein Rotwild sein, so zog keine Sau und schon gar kein Muffel. Menschen standen plötzlich am Fuß unserer Kanzel, Touristen. Sie hatten sich total verlaufen.

Wir erklärten ihnen leise den Rückweg und blieben dann trotzdem sitzen, um der Dinge zu harren, die vielleicht doch noch geschehen würden. Doch es geschah den ganzen Abend über gar nichts mehr. Mit sinkendem Licht hörten wir von weiter her einzelne Hirsche schreien, es schien auch hin und wieder etwas in der Dickung zu knacken, aber nirgends war auch nur ein einziges rotes Haar zu sehen.

Als es zum Ansprechen zu dunkel wurde, packten wir unsere Sachen und begannen abzubaumen. Von der Leiter aus sah ich plötzlich vor uns eine Bewegung. Im raschen Blick durch das Glas erkannte ich einen Menschen auf der Schneise vor uns in der Dickung, dann noch einen – vier insgesamt. Es waren genau jene Touristen, die schon einmal unter der Kanzel gestanden und denen wir vor mehr als eineinhalb Stunden bereits den Rückweg erklärt hatten. Ja, sie hätten nun jede Orientierung völlig verloren, wüssten überhaupt nicht mehr aus noch ein.

Am nächsten Morgen war ich schon sehr früh auf. Ich wollte den Hirschen lauschen und so Anhaltspunkte für das weitere Vorgehen gewinnen. Für den Abend war wieder ein gemeinsamer Ansitz geplant. Schon von der Hütte aus konnte ich den Hirsch hören. Er unterschied sich ziemlich deutlich von den anderen Stimmen und schrie jetzt in der Dunkelheit noch ganz eindeutig hinter dem großen Buchengatter. Doch war dann neben den Beihirschen noch eine zweite gute Stimme zu hören –

es war wirklich ein richtiges Konzert. Was also tun in der noch stockfinsteren Nacht?

Für den Weg bis zur oberen Kanzel reichte zwar die Zeit bis zum Büchsenlicht aus, aber der Wind passte dort überhaupt nicht. Schlimmer noch: der Wind strich das Tal hinab und passte nirgends. Also war es vermutlich am klügsten, weitab vom eigentlichen Ort des Geschehens zu bleiben und nur zu verhören, zu horchen, um zu wissen, was ich am Abend unternehmen könnte.

So setzte ich mich schließlich am Wegesrand auf einen Buchenstubben und lauschte den Stimmen aus sicherer Entfernung. Allmählich begann die Morgendämmerung. Da richtete sich meine vor mir liegende Wachtelhündin Anke plötzlich auf und äugte in eine bestimmte Richtung: Ein Marder kam auf uns zu, bis auf zwei, drei Meter, dann hatte er uns doch mitbekommen und war wie der Blitz in der angrenzenden Dickung verschwunden. Die Hirsche schrien.

Der Himmel lichtete sich weiter auf. Die Umrisse der einzelnen Buchenkronen erschienen aus dem Grau der schwindenden Nacht. Farbe trat langsam, aber immer deutlicher in die Landschaft. Am Ende des Gatters lag an der Grenze zum Buchenaltholz Dunst bis Nebel. Das gab den Baumriesen ein fast schon gespenstisches Aussehen. Der leichte, kaum spürbare Wind hatte unverändert östliche Richtung. Es war also aussichtslos, einen Versuch zu unternehmen, doch irgendwie näher an die schreienden Hirsche heranzukommen.

Es wurde heller, der Nebel verschwand. Da begannen sich die beiden kräftigeren Stimmen voneinander zu lösen. Wie weit entfernt? Ich wusste es nicht. Ich konnte die Richtung ziemlich zuverlässig, doch die Entfernung eigentlich nur sehr unsicher schätzen. So wurde es bald offensichtlich bzw. in diesem Fall unüberhörbar, dass ein Hirsch nach Süden zog, während sich der andere – und mit ihm zwei, wenn nicht drei weitere Hirsche – nach Norden wandte.

Nach den bisherigen Erfahrungen musste das der gesuchte Hirsch sein, der nun bald die Straße in nördlicher Richtung überqueren würde, um seinen Tageseinstand in der Dickung mit dem Roteichenhorst aufzusuchen. Wenn diese Vermutung zutraf, musste es eigentlich auch der gestern annoncierte Hirsch sein. Die Sache wurde immer spannender – stimmten diese Kombinationen und Überlegungen? Wenn sie richtig waren, konnte ich, sobald der Hirsch die Straße passiert hatte, von meinem derzeitigen Standort aus gefahrlos ein Stück nachrücken, eine durch die Dickung führende Schneise beobachten und ziemlich genau hören, ob er tatsächlich wieder in den Roteichenhorst zog.

Ich wartete, bis ich ganz sicher war, dass Hirsch und Wild tatsächlich über die Straße gezogen waren, wartete, bis eigentlich auch kein Beihirsch mehr in der Nähe sein konnte, und pirschte dann bis zu einer dicken Buche gegenüber der erwähnten Schneise. Dort setzte ich mich auf den Boden und beobachtete.

Der Hirsch schrie jetzt in den Fichten östlich der Linie. Dort lag etwa 250–300 Meter von mir entfernt auch der Roteichenhorst – der Hirsch würde also wohl kaum noch auf der einsehbaren Schneise erscheinen. Schließlich schien die Stimme sich weiter nach Osten zu bewegen. Dort gab es eine kleine Äsungsfläche in der Dickung, die aber von meinem derzeitigen Standort aus nicht einzusehen und auch nicht zu erreichen war. So blieb ich sitzen und wartete ab. Die Sonne war schon am Himmel aufgestiegen. Es sah nach einem wunderschönen, warmen Septembertag aus. Mein Hirsch wurde stiller, schrie nicht mehr kräftig, aber doch noch so häufig, dass ich verfolgen konnte, wie er allmählich wieder etwas näher kam. Schließlich war er zweifelsfrei erneut in dem Roteichenhorst. Mehr knörend als schreiend kam schließlich die Stimme immer wieder einmal von derselben Stelle her. Der Hirsch hatte sich niedergetan.

Hier würde heute Morgen gar nichts mehr passieren. Aber ich konnte mich noch nicht lösen, streckte mich auch auf dem Waldboden aus und vernahm das immer seltener zu hörende Knören aus dem Roteichenhorst. Schließlich erhob ich mich, um abzufährten, wo das Rudel die Straße überquert hatte. Es war nicht schwer, die Stelle zu finden. Sie lag weiter östlich, als ich vermutet hatte. Vielleicht sollte man daher am kommenden Morgen bei gleichem Wind den ganzen Komplex weiträumig umfahren und versuchen, das Rudel von Osten her anzugehen. Vielleicht …

Für den Nachmittag war ich wieder mit meinem Führer verabredet. Er überraschte mich mit der Nachricht, dass der gesuchte Hirsch nicht im gewohnten Einstand, sondern wahrscheinlich in einer südlich gelegenen Dickung stünde. Ein Mitjäger sei da ganz sicher. Aber gesehen hatte der den Hirsch nicht, nur gehört.

Hm. Eine gute Stimme war ja am Morgen in südlicher Richtung entschwunden. Vielleicht stimmte die Mitteilung. Andererseits war ich sicher, dass unser Hirsch im Roteichenhorst war. Aber gesehen hatte ich diesen Hirsch auch nicht. Was also tun? Nachdem ich meinen Führer davon überzeugt hatte, dass hier zwei verschiedene Hirsche zur Diskussion standen, entschieden wir uns schließlich für jenen vom Abend vorher, der jetzt ziemlich sicher in den Roteichen saß.

Nun überlegten wir lange, was wir tun, wo wir uns ansetzen sollten. Wir waren bald der Meinung, dass es wohl trotz des guten Windes wenig Sinn machen würde, wie am Vorabend am oberen Ende der Schneise zu sitzen. Das Leittier musste die Störungen durch die Touristen übel genommen haben und würde dort heute mit einiger Wahrscheinlichkeit nicht erscheinen. Wenn das richtig war, bestand die Möglichkeit, dass das Rudel unten an der Straße kommen könnte. Dort stand ein alter Schirm an einem aufgelassenen kleinen Steinbruch. Aber der erschien uns nach Prüfung vor Ort auch ungeeignet. Der Hang stieg dort so steil an, dass man nur ca. 30–40 Schritt weit sehen und sicherlich ein Gewehr gar nicht hochnehmen konnte, ohne auf so kurze Entfernung eräugt zu werden. Also verwarfen wir auch diese Möglichkeit.

Am Wechsel über die Straße bot sich eigentlich eine ganz gute Ansitzchance hinter einer vom Sturm geworfenen Buche. Der Wind passte, aber abgesehen von möglichen Störungen würde das Wild vermutlich bei Büchsenlicht noch nicht über die Straße ziehen. Für den Abendansitz war das sicher auch keine gute Lösung.

Wir überlegten also weiter: Wenn das Rudel oben nicht kommen würde, die Straße erst nach Eintritt der Dunkelheit überfiel, nach Norden wegen das Gatters nicht ziehen konnte, blieb eigentlich als erfolgversprechend nur noch die kleine Äsungsfläche in der Dickung.

Dabei fiel mir auch plötzlich wieder ein, dass ich dort den Hirsch vermutlich am Morgen hatte schreien hören. Der Wind passte. Damit war die Wahl getroffen.

Wir setzten uns in den Wagen und konnten schließlich gegen den Wind die Kanzel am Südostrand der Äsungsfläche, ziemlich mitten in der Dickung, aber immer noch weit genug vom Roteichenhorst entfernt, erreichen.

Die Kanzel stand optimal, nicht direkt an der Fläche, sondern etwas zurückgesetzt im Bestand. Sie war gut freigeschnitten, kein herabhängender Zweig hinderte die Sicht. Der Wind war hervorragend und ganz stetig. Wir richteten uns ein und begannen, auf den Abend zu warten.

Man hörte schon ganz früh in einiger Entfernung einen Hirsch melden. Bald schrie ein zweiter ziemlich nah genau hinter uns. Eigentlich merkwürdig, aber er schien keinen Wind von uns zu haben, vielleicht war er doch weiter entfernt, als wir zunächst glauben mochten. Nach einiger Zeit verschwieg er.

Der Abend war ruhig. Das Licht der langsam schwindenden Sonne war als typisches Septemberlicht wunderbar warm getönt. Die Hirschstimmen wurden zahlreicher. Es wurde schwieriger, sie auseinanderzuhalten und zu orten. Schließlich schrien mehrere Hirsche südlich, östlich und nördlich von uns. Nur im Westen, wo sich die eine, die erwartete Stimme melden sollte, war Stille, nichts. Jedenfalls kam kein Ton aus dem Roteichenhorst oder aus seiner Nähe.

In mir begannen erste Zweifel zu bohren. Irgendwann fragte mein Führer vorsichtig, ob ich mich denn vielleicht getäuscht haben könnte, ob der Hirsch nicht doch nach Süden gezogen sei. Von dort war inzwischen nämlich – zwar aus weiter Ferne – eine gute Stimme zu hören. Doch ich schob meine eigenen Zweifel beiseite, war mir eigentlich sicher und behauptete, mich nicht zu täuschen. Doch zu hören war hier nichts.

Es wurde wirklich spannend. Um uns herum schrien die Hirsche, ich war überzeugt, die seien alle uninteressant, vor uns stecke der, den wir suchten. Wie sollte ich aber bei den eigenen, immer lauter werdenden Zweifeln nicht Verständnis haben für die leichte Skepsis meines erfahrenen Führers? So lag ich mit dem Kinn auf dem Kanzelrand, hatte gewissermaßen nur geradeaus gerichtete Ohren, um den einen erwarteten Schrei zu hören – alles andere, was um uns herum geschah, verlor an Attraktivität. Es ging nur um den einen Hirsch, der gut sein sollte, den ich aber noch nie gesehen hatte.

Und dann hörte ich endlich aus der erwarteten Richtung ein leises Knören, nichts sonst. Aber ich hatte es gehört und wusste nun, der Hirsch existierte – und mein Führer hatte es auch gehört. Es war also wirklich ein Hirsch, kein Wunschdenken. Wir vernahmen ein zweites Knören. Was würde jetzt passieren? Würde das Rudel in Bewegung kommen und zu uns auf die Äsungsfläche ziehen? Der Wind war gut, und das Kahlwild verlangte nach Äsung, die es in der geschlossenen Dickung nicht gab.

Bald darauf knackte es links hinter uns – genau in Richtung unseres Windes. Sekunden später erschien ein Spießer auf der Bühne, kam direkt durch unseren Wind gezogen. War es die Unerfahrenheit der Jugend oder wurde unser „Duft" über den Bestand hinweggetragen? Aber es ist ja eine alte Erfahrung: Alles hat seine Zeit …

Der Spießer begann zu äsen, die Wiese stand gut, obwohl die Sauen sie teilweise ziemlich zugerichtet hatten. In der Dickung wurde unser Hirsch nun allmählich lebhafter. Er begann zu schreien, blieb aber auf derselben Stelle. Immerhin wussten wir nun sicher, dass der Hirsch mit seinem Rudel vor uns in der Dickung steckte. Aber wir wussten natürlich immer noch nicht, ob es der gesuchte, passende Hirsch war. Der Wind war unverändert gut. Blieb also noch die Frage, ob unsere Überlegungen hinsichtlich der zu erwartenden Zugrichtung zutreffend waren.

Dabei wurde es allmählich dämmerig. „Unser" Hirsch meldete jetzt in immer kürzeren Abständen – das Konzert ringsum verlor damit weiter an Bedeutung, für uns gab es nur noch diese eine Stimme. Wir wollten jetzt hören, ob sich der Hirsch in Bewegung setzte und wenn ja, in welche Richtung. Schließlich schien uns, der Hirsch zöge auf uns zu. Im nächsten Augenblick glaubten wir, nein, das Gegenteil sei der Fall. Es war schwer, die Richtung zu bestimmen, wenn der Hirsch in der Dickung hin- und herzog und dabei einmal in diese und dann wieder in jene Richtung schrie. Aber schließlich waren wir doch einig: Der Hirsch zog näher, wenn auch sehr, sehr langsam. Und das bei weiter abnehmendem Licht! Würde er bei noch ausreichendem Licht erscheinen oder sollten wir ihm auf einer Erschließungslinie entgegenpirschen? Doch das verwarfen wir so schnell, wie die Idee entstanden war. Der Spießer, das Kahlwild, der Hirsch selbst würden uns mitbekommen, eh wir auch nur zwanzig Schritt vorangekommen wären. So warteten wir.

Der Hirsch schrie, scheinbar festgenagelt in dem dunklen, nicht einsehbaren Fichtengrün, aber doch schon deutlich näher zu uns her. Schließlich erschien ein Alttier am gegenüberliegenden Dickungsrand, sicherte und begann, langsam vor sich hinäsend, auf die Äsungsfläche zu ziehen. Das Rudel konnte nicht mehr weit entfernt sein. Doch es geschah zunächst weiterhin nichts, vielleicht wurde die Stimme in der Dickung etwas zorniger und kräftiger. Aber vor allem nahm das Tageslicht immer mehr ab. Der gegenüberliegende Rand der Äsungsfläche begann mit den angrenzenden Fichten zu verschmelzen, die scharfen Konturen lösten sich auf. Wir nahmen die Gläser zu Hilfe, um da drüben ja keine Bewegung zu verpassen. Mit dem bloßen Auge wäre im Bestandesschatten kaum noch etwas zu sehen gewesen. Der Hirsch schrie.

Da stieß mich mein Führer leicht an und wies in die linke untere Ecke, die Südwestseite der Äsungsfläche. Tatsächlich, da stand ein Stück Wild, man sah nur den unteren Teil des Körpers vor dem Hintergrund des hellen Grases, der Rest verschwamm mit den Randfichten. Aber das musste ein Hirsch sein, so viel war denn doch zu erkennen. Im nächsten Augenblick löste sich die Gestalt aus dem Bestandesschatten, zog auf die Fläche, spitz auf uns zu. Es war ein starker und kein junger Hirsch. Dann verhoffte er mitten auf der Fläche, schrie. Weit legte er dabei das Geweih zurück, Dampf quoll aus dem Äser. Es war wie im Traum, märchenhaft, wie im schönsten Bilderbuch. Aber jetzt war keine Zeit zum Träumen.

So spitz von vorn war der Hirsch nicht anzusprechen. Endlich wendete er in Richtung auf das Alttier und den Spießer – man erkannte trotz des inzwischen recht schwachen Lichtes sofort die wuchtigen Stangen, das volle Geweih und die beidseitigen Kronen. Fünf Enden glaubte ich mindestens auf einer Seite erkannt zu haben, und alt war der Hirsch. Da flüsterte mein Führer: „Ich würde schießen."

Die Entfernung betrug höchstens 80 Schritt. Nach dem Schuss ging der Hirsch zwar nicht vorn hoch, aber reagierte doch mit einer Flucht, zuckte andererseits zugleich merkwürdig mit dem Rücken zusammen. Man konnte nach solchem Zeichnen und bei dem schwachen Licht überhaupt nicht

Der Wuchtige

auf den Sitz der Kugel schließen. Schon wendete der Hirsch nach Westen und ging im Troll ab zum jenseitigen Rand der Äsungsfläche. Ein zweiter Schuss spitz von hinten war nicht angebracht – ich hatte das Gefühl, gut abgekommen zu sein.

Der Hirsch entschwand unseren Augen in der gegenüberliegenden Dickung. Von dort hörten wir das Brechen von Zweigen, schließlich nichts mehr. Ruhe, nur weiter entfernt schrien die Hirsche. Die Anspannung löste sich, wir saßen auf unserem Hochsitz und warteten, sahen es noch dunkler werden und lauschten dabei den Stimmen um uns herum.

Endlich stiegen wir von der Kanzel und versuchten, den Anschuss zu finden. Wir hatten uns beide die Stelle gemerkt, aber es war nichts mehr zu sehen – auch nicht mit Hilfe des hellen Taschentuchs. Schließlich gingen wir seitlich der vermuteten Fluchtfährte über die Fläche, um dort nachzusehen, wo wir das Brechen gehört hatten. Und dann stieß mein Führer plötzlich den freudigen Ruf aus: „Hier liegt er ja!"

Ja, vor uns lag der Hirsch. Er war direkt hinter dem Dickungsrand zusammengebrochen.

Das Haupt lag der Äsungsfläche zugewandt. Es war ein guter und reifer Hirsch. Beim Griff um die Rosen und Stangen, beim Abtasten der Enden und beim Erfühlen der fast schon schaufelartigen Verbreiterungen zwischen Mittelsprossen und Kronen stieg Freude auf, keine laute, mehr eine stille, glückliche Freude. Wir haben lange gesessen, bis ich den Hirsch schließlich aufbrach – wir konnten kaum noch etwas sehen, aber irgendwie haben wir es zu zweit dann doch auch ohne Taschenlampe geschafft. Das Bergen sollte erst am kommenden Morgen erfolgen, so verwitterten wir das Stück mit unseren Lodenmänteln und traten schließlich den Heimweg an. Um uns schrien die Hirsche.

Ich habe in jener Nacht nicht viel geschlafen – ich war wohl zu aufgeregt, immer wieder tauchten all die Bilder vor meinem geistigen Auge auf. Entsprechend früh war ich am nächsten Morgen schon wieder auf den Beinen, kochte mir Tee und war draußen bei meinem Hirsch, als es Tag wurde.

Um mich schrien die Hirsche. Als sei am Abend zuvor nichts geschehen, ging der Brunftbetrieb weiter – die Art wird erhalten, der Ausfall eines einzelnen Individuums ist unerheblich und wird sofort ersetzt.

Während ich in dieser Weise nachdenklich bei meinem Hirsch saß, wurde ich schließlich durch das Tuckern des näher kommenden Treckers aus meinen Gedanken und Betrachtungen geweckt. Der alte B., der schon viele Hirsche aus dem Wald geholt hatte, staunte mit den unvergesslichen Worten: „Mein Gott, ist der wuchtig!" So erhielt der Hirsch seinen bleibenden Namen.

Traditionsgemäß wurde der Hirsch anschließend weidgerecht auf dem Hof des Forstamtes auf frischen Eichenzweigen gestreckt und von sechs Forstbeamten sauber verblasen.

Nach der Feier nahm ich das Haupt, fuhr zur Hütte und habe allein mit meinem Hirsch, dem Wuchtigen, den warmen Septemberabend genossen.

Der mit dem Sporn

Schon vor Tagen hatten der mich führende Freund und ich einen Hirsch mit einem klaren Sporn in der rechten Krone vor uns. Bei der Ansprache erinnerten wir uns daran, dass wir schon von einem Hirsch mit Sporn gehört hatten. Es hieß, der sei zu jung, nur neun bis zehn Jahre alt. So ließen wir ihn ziehen bzw. seinem Brunftgeschäft nachgehen. Danach fanden wir keinen rechten Kontakt mehr oder sahen nur jüngere, jedenfalls keine passenden Hirsche. So brach der letzte Morgen an.

Wir verhörten noch in der Dunkelheit, aber es ergab sich wieder einmal kein klares Bild. Als es im Osten zu dämmern begann, musste etwas geschehen. So zogen wir – eigentlich mehr nach dem Motto „Irgendwo müssen wir ja sitzen … " – schließlich zu einer Kanzel, die uns nicht ganz chancenlos schien. Wir hörten und sahen schließlich auch einen Hirsch und sein Wild: Zu jung. Also noch einmal umsetzen, einen neuen Versuch wagen.

Aber auch der blieb ergebnislos. Die Hirsche brummelten hier und dort, aber nirgendwo zeigte sich ein verheißungsvoller Ansatz. So saßen wir auf dem Hochsitz, bis es Zeit zum Abbaumen war. Auf dem Weg zum Wagen machten wir, auf dem Sandweg nach Fährten Ausschau haltend, einen kleinen Umweg.

Dabei vernahmen wir plötzlich völlig unerwartet mitten aus einer großen Kieferndickung zur rechten Hand vor uns abseits allen sonstigen Geschehens ein Knören, dann zunächst ein kurzes, danach aber stetigeres Melden.

In der Dickung befand sich ein etwa 1 Hektar großer ca. 100-jähriger Eichenbestand. Von dort kam die Stimme. Wir überlegten einen Moment, addierten die Fakten: Da war noch ziemlich spät am Morgen ein Hirsch mit passabler Stimme abseits des normalen Betriebes aktiv. Er stand ziemlich sicher in dem Eichenbestand, umgeben von den geschlossenen Kiefern- und Douglasiendickungen, eigentlich ein idealer Brunftplatz für einen älteren Herren. Dort gab es jedoch keinen Schirm und keine Kanzel, und dorthin führte auch kein Pirschsteig.

Dazu kamen die Fragen: Wie viel Kahlwild mochte dabei sein, gab es Beihirsche? Der Hirsch meldete – wenn auch mit zeitlichen Abständen – immer wieder einmal. Wir prüften den Wind und beschlossen, jetzt alles auf eine Karte zu setzen und den Hirsch durch die Dickung auf einer schmalen, zu dem Eichenbestand führenden Linie anzugehen. Schließlich wollten wir den Hirsch finden, ansprechen und bestenfalls auch schießen können.

Das Risiko war hoch, weil wir in dieser Situation zwar den Hirsch hören und damit auch lokalisieren konnten, aber nie wussten, wo Kahlwild oder Beihirsche standen. Wir spielten also mit einem sehr hohen Einsatz und hatten nur geringe Chancen.

Wir machten uns also auf den Weg. Der Wind kam stetig schräg rechts von vorn. Wir drangen auf der erwähnten Linie in die Dickung ein. Nach vorn konnten wir etwa 50 Schritt weit ganz gut sehen, nach links und rechts war aber überhaupt keine Sicht gegeben. Der Hirsch schrie 250–300 Meter vor uns. Schritt für Schritt, immer wieder stehen bleibend, lauschend, schoben wir uns voran. Die Schuhe behielten wir an – der Waldboden war feucht, die Nadeln machten keine Geräusche, Äste, auf die wir hätten treten können, waren selten. Vorsichtig bogen wir die von den Dickungsrändern auf unseren Weg ragenden Zweige zur Seite. So kamen wir langsam voran.

Der Hirsch meldete weiterhin. Jetzt konnten wir auch hören, dass er trieb. Da plötzlich erstarrte der Freund vor mir ebenso wie Lotte an meiner Seite – beide wiesen auf ihre Art in die Dickung rechts von uns, vermutlich hatten sie mit ihren scharfen Ohren dort etwas gehört. Wir warteten ein Weilchen, sahen oder hörten aber weiter nichts. Der Hirsch meldete. Schließlich setzten wir Schritt für Schritt unseren Weg fort. So näherten wir uns dem Eichenhorst und dem Ende unserer Pirschlinie zugleich. Ich legte den Hund ab.

Wir schoben uns weiter voran. Als wir den Eichenhorst erreicht hatten, ließen wir uns hinter einer Eiche auf die Knie nieder, um etwas besser unter den herabhängenden Eichenästen hindurchblicken zu können. Der Hirsch schrie rechts vor uns. Er musste sehr nahe sein, aber zu sehen war nichts. Das dauerte ein Weilchen. Dann erkannten wir eine Bewegung – ein Tier, Entfernung vielleicht 50–60 Schritt. Wir kauerten uns hinter den Stamm unserer Eiche. Einer schaute rechts, der andere links am Baum vorbei. Das Stück war schnell wieder verschwunden, aber wir konnten das Wild hören. Dann war der Hirsch da – kurz zu sehen und wieder vom Grün und den Stämmen verschluckt. Wenn er beim nächsten Mal doch etwas weiter geradeaus zöge! Dort war auf etwa 50–70 Schritt ganz gute Sicht, dort müssten wir ihn ansprechen können.

Schon war das Tier wieder da, zog im Kreisbogen von rechts nach links an uns vorbei und entschwand im Hintergrund – da, tatsächlich, der Hirsch folgte. Das Geweih war nie ganz zu sehen. Er verhoffte, leider wieder halb verdeckt von einem Stamm. Doch das Bild hatte gereicht, uns den Eindruck zu vermitteln, der Hirsch habe ein ziemlich langes Geweih mit wohl vier Enden in jeder Krone, und alt müsse er eigentlich auch sein. Aber waren wir sicher? Nein, überhaupt nicht – schon war der Spuk wieder unseren Blicken entschwunden.

Bei der nächsten Runde folgte der Hirsch dem Tier unmittelbar – wieder nur auf 50–60 Schritt vor uns. Das wiederholte sich. Die Stücke waren nah, viel zu nah, gefährlich nah, aber wir konnten so langsam jede Einzelheit des Geweihs, vor allem auch die Höhe der Rosenstöcke und die Stellung der Rosen ganz gut einschätzen. Allmählich hielten wir den Hirsch für passend, entschlossen uns zum Schuss – beim nächsten Mal, bei der nächsten Runde. Die würde kommen, das Tier war ja hochbrunftig.

Plötzlich war rechts von uns ein Stück Wild. Es zog fast direkt auf uns zu – ein Spießer, der näher und näher kam. Ich glaube, wir haben nicht mehr zu atmen gewagt. Am Rand von Eichenhorst zu Kieferndickung verhoffte das Stück schließlich kaum 20 Schritt entfernt und … zog weiter in die Dickung, als der nächste Schrei unseres Hirsches ertönte. Uff, das schien noch einmal gut gegangen zu sein.

Wieder tauchte vor uns das Tier auf, der Hirsch folgte. Der Freund zischte mir zu: „Schieß!“ – doch nun wurde plötzlich der Sporn an der rechten

Stange des Geweihs sichtbar: Kein Zweifel, es war der Hirsch, den wir vor ein paar Tagen als zu jung hatten laufen lassen …

Also begann das ganze „Spiel" von vorn. Es war nicht zu fassen, aber der Hirsch schrie und tat uns den Gefallen, kam wieder und wieder hinter dem trollenden, manchmal auch nur ziehenden hochbrunftigen Tier her. Schließlich hatten wir die Ansprache in allen Einzelheiten wiederholt. Freund L. brummelte: „Und der ist doch alt!"

Das Paar kam noch einmal, dann fiel der Schuss. Vielleicht ein wenig Tiefblatt. Der Hirsch bog leicht nach rechts ab und brach nach einigen Fluchten noch in Sichtweite zusammen. Auch wir sanken in das Laub auf dem Waldboden, waren beide bleich wie die getünchte Wand und rangen um Luft. Wie lange hatte das gedauert? Keiner hatte zur Uhr gesehen – wir waren nur darin einig, viel länger hätten wir diese Anspannung nicht ausgehalten. So dauerte es Minuten, bis Freund L. zu seinen Rot-Händle ohne Filter griff und deren unverwechselbarer Qualm vor uns aufstieg. Wir rappelten uns auf, ich holte den Hund. Der sichtbar vor uns liegende Hirsch musste inzwischen verendet sein. Natürlich wollten wir nun sehen, was wir da nach dieser spannenden Jagd zur Stecke gebracht hatten.

So schritten wir nebeneinander – mit geschulterten, unterladenen Waffen, alle Vorsicht und Erfahrung missachtend – auf den Hirsch zu. Er war ja nach unserer Auffassung längst verendet. Wahrscheinlich haben wir auch miteinander geredet. So waren wir vielleicht noch 20 Schritt vom Hirsch entfernt, als dieser plötzlich und vollkommen unerwartet hoch wurde. Ich habe wohl nie vorher und nie hinterher in meinem Leben so schnell eine Waffe von der Schulter gerissen und repetiert. Im nächsten Augenblick fiel der Fangschuss – spitz von hinten in den Träger unterhalb des Hauptansatzes. Logisch, dass der Hirsch, wie vom Blitz fortgewischt, in sich zusammensank. Ich hatte wenigstens noch schnell genug reagiert!

Der Schuss musste einer Rotte Sauen in einem kleinen Douglasienhorst vor uns am jenseitigen Rand unserer Eichen wohl bedrohlich nahe erklungen sein – jedenfalls kam, wir hatten die Waffen noch in der Hand, ein einzelner gestreifter Frischling aus dieser Dickung an uns vorbeigetrollt, breit und so nah, wie man sie sich im Herbst auf den Bewegungsjagden wünscht. Aber er blieb diesmal natürlich unbeschossen. Endlich standen wir an unserem Hirsch. Er war alt und passte.

Damit war unsere Pirsch erfolgreich beendet. Es war ein unglaublich spannendes, ein sich mit Gewissheit nie wiederholendes, erfolgreiches Jagderlebniss. Wir hatten am Morgen des letzten Jagdtages schließlich alles auf eine Karte gesetzt und Erfolg gehabt! Trotzdem war uns klar, dass man das nur einmal als absolute „Ultima Ratio" machen darf. Und das auch nur, wenn man die Bestände genau kennt und sich auf großen Flächen

Zu jung? Nein, der passt!

bewegen kann. Einen Hirsch auf diese Weise zur Strecke zu bringen, ist sicherlich die Krone der Jagd, aber das ändert nichts an der altbekannten Tatsache, dass man bei Rotwild grundsätzlich nicht pirschen sollte.

Der Langstangige

Wieder konnte ich in der Brunft auf den Hirsch jagen. Freund L. hatte zusammen mit seiner sachkundigen Mannschaft einen weiträumigen Kiefernaltholz-Komplex mit teilweise flächendeckender, übermannshoher Naturverjüngung als Aktionsgebiet ausgewählt. Hier schrien seit Tagen Hirsche, aber es war schwierig, sie zu Gesicht zu bekommen. Das Brunftgeschehen spielte sich hauptsächlich im Inneren dieser Bestände ab. So blieb uns kaum etwas anderes übrig, als es vom Rande aus zu versuchen und darauf zu hoffen, wenn schon keine ganzen Brunftrudel, so doch ziehende und suchende Hirsche in Anblick zu bekommen.

Wir verhörten deswegen schon früh, noch in völliger Dunkelheit. Bei passendem Wind setzten wir uns schließlich auf eine gut platzierte Kanzel an einer langen, ca. zehn Meter breiten, in Ost-West-Richtung verlaufenden Abteilungslinie mit einem südlich angrenzenden, etwa 150 Meter breiten angehenden Kiefernbaumholz. Die Hirsche schrien in den südlich an diesen Bestand angrenzenden Althölzern. Auf der Nordseite der Abteilungslinie lagen ebenfalls Kiefernaltbestände mit Naturverjüngung und einigen Douglasienhorsten aus den Aufforstungen nach dem Windwurf.

Es war ein guter Platz – wir konnten auf der Linie weit in westliche und weit genug in östliche Richtung blicken. Es gab in dem südlich gelegenen Baumholz kaum Büsche und Verjüngungen, die unsere Sicht behindert hätten. Wir hatten also ein leidliches, wenn auch recht schmales Schussfeld. Doch die Hirsche schrien nur in dem südlich gelegenen Komplex. Im Norden war Ruhe. Auf der Linie geschah nichts.

Auch nach Sonnenaufgang änderte sich an der Situation grundsätzlich nichts: Im Süden war reger Betrieb zu hören, aber das Wild steckte in den Verjüngungen und blieb dort. Es war ja aus Sicht des Wildes auch ein idealer Einstand. Er bot Deckung, es gab reichlich Aira und Beerkraut, und das Wild war vor Störungen sicher – also warum ein solches Biotop verlassen? So sahen wir die Sonne höher steigen, aber kein Wild. Ein Standortwechsel wäre unsinnig gewesen. Wir blieben daher sitzen, um die weitere Entwicklung abzuwarten. Die Sonne stieg höher und begann selbst auf der Kanzel zu wärmen. Im Süden wurde es stiller, das Wild hatte sich wohl niedergetan. Die Hirsche verstummten allmählich. Doch wir blieben noch sitzen – man weiß ja nie, und es gab angesichts der fortgeschrittenen Tageszeit auch keine erfolgversprechenden Alternativen mehr.

Doch dann sahen wir plötzlich von Süden her einen einzelnen Hirsch aus den Altbeständen in das Baumholz genau auf unsere Kanzel zuziehen. Wir nahmen die Gläser an den Kopf – im selben Augenblick erstarrte der Hirsch geradezu, äugte kurz zu uns her, wendete zur Seite und ging hochflüchtig im Bogen durch das Kiefernbaumholz in westlicher Richtung ab. Wir konnten dem auffallend dunklen Wildkörper folgen, bis er schließlich nach Norden abbog und ca. 150–200 Schritt entfernt das Gestell überfiel. Auf der Nordseite war er sofort von dem angrenzenden Bestand verschluckt. Ende. Was war das gewesen? Wir schauten uns beide verdutzt an.

Der Hirsch konnte keinen Wind bekommen haben. Er musste also unsere hellen Gesichter in der Morgensonne haben blitzen sehen. Die Hände konnten es nicht gewesen sein, da wir beide Handschuhe trugen. Aber darin stimmten wir überein: Es handelte sich um einen alten, interessanten Hirsch mit auffallend langen Stangen. Doch konnten wir nun in aller Ruhe abbaumen – hier würde heute Morgen nichts mehr passieren.

Auf dem Weg zum Wagen rekonstruierten wir das Geschehen: Dieser Hirsch hatte den ganzen Morgen über südlich von uns geschrien, das Rudel steckte weiter in dem Altholzkomplex. Der Hirsch hatte sein Kahlwild lange nach dem Hellwerden verlassen. Die dunkle Decke deutete darauf hin, dass er wohl noch in der Suhle gewesen war und sich dann für den Tag abgesetzt hatte. Auf dem Weg in den Tageseinstand war er uns gekommen. Er würde trotz des flüchtigen Abganges mit hoher Wahrscheinlichkeit abends zu seinem Rudel zurückkehren.

Wir fuhren zu dem örtlich zuständigen Beamten und berichteten. Er meinte den Hirsch aus einem ziemlich weit entfernten Revierteil zu kennen, griff in die Tasche und zog das Notizbuch heraus, um uns seine Zeichnung des Geweihes zu zeigen: Es war unverkennbar die Geweihstellung und Stangenlänge des Hirsches, den wir gesehen hatten. Doch hier war alles viel genauer dokumentiert, einschließlich Endenzahl, vermutetem Gewicht und Altersangabe. Der passionierte Beamte kannte „seine" Hirsche. Nun waren wir zu dritt der Meinung, der Hirsch würde passen und abends zurückkommen.

So saßen wir am Nachmittag rechtzeitig, vielleicht sogar viel zu früh, wieder auf unserer Kanzel. Den Hund hatten wir diesmal im Wagen gelassen. Wir würden, falls der Hirsch tatsächlich zurückkommen sollte, wenig Zeit haben. So legte ich die Büchse von Anfang an schussbereit auf den Kanzelrand. Wir warteten und blickten währenddessen hauptsächlich in westliche Richtung auf die Linie. Der Wind war gut. Wenn der Hirsch erwartungsgemäß westlich von uns zurückkommen sollte, konnte er keinen Wind bekommen. Einen östlichen Bogen würde er wegen der

Kanzeln richtig zu platzieren erfordert viel Sachverstand – sie sollten bestenfalls nahezu unsichtbar, aber gut zu erreichen sein.

Bestandesverhältnisse wohl kaum machen. So warteten wir konzentriert auf die kommenden Ereignisse.

Der Spätnachmittag ging vorbei, die Sonne warf schon längere Schatten, der Abend kündigte sich an. Schließlich begannen hier und dort einige Hirsche noch sehr zaghaft zu melden. Da war in einiger Entfernung eine Bewegung am rechten Bestandesrand wahrzunehmen. Ich raunte dem Freund zu: „Da kommt ein Hirsch!“ und griff zum Gewehr. Noch während ich die Waffe hochnahm und durch das Zielfernrohr zu blicken begann, kam von Freund L. der Hinweis: „Das *ist* der Hirsch!“ Während der Hirsch weiter über den Weg zog, kam meine Gegenfrage

„Ist das nicht zu weit?“ Die Antwort lautete, während schon der Zielstachel das Blatt suchte: „Musst du selbst entscheiden … “ Der Hirsch hatte bereits die Wegmitte passiert. Als er kurz verhoffte, fiel der Schuss.

Ich glaubte, im Schuss eine kleine Wolke, aber kein weiteres Zeichnen gesehen zu haben. Der Freund war nicht sicher. Jedenfalls war der Hirsch mit einer Flucht im angrenzenden Kiefernbaumholz verschwunden. Wir warteten – wir hatten keine Eile. Es würde noch einige Zeit recht hell bleiben.

Schließlich baumten wir ab und gingen in Richtung Anschuss. Nach einigem Suchen fanden wir die Eingriffe der Schalen in der Wagenspur. Dann entdeckten wir auf und zwischen den teilweise noch nassen Blaubeerblättern und Spinnfäden vereinzelt runde Schnitthaare mit schwarzen Spitzen, dazwischen klebten eindeutig hier und da auch Haare mit Wurzeln. Aber es gab nirgends das kleinste Tröpfchen Schweiß. Hätte es welche gegeben – wir hätten sie bei dem noch ausreichenden Licht finden müssen. Hm, es war ein ganz undurchsichtiges Bild. Sollte es sich bei den wenigen Haaren um lockeres Material handeln, das bei der schnellen Fluchtbewegung einfach zu Boden gefallen war? War das Wölkchen dadurch entstanden, dass ich den Hirsch überschossen hatte und die Kugel beim Einschlagen in das feuchte Beerkraut Wasser- und Nebeltröpfchen aufgewirbelt hatte? Oder hatte ich mich überhaupt getäuscht? Wir konnten trotz sorgfältigster Suche keinen Kugeleinschlag finden. Und wie war das spärliche Schnitthaar zu erklären? Hier schien nichts zusammenzupassen.

Doch während ich weiter am Boden nach Pirschzeichen suchte, kam Freund L. ganz ruhig von einem kurzen Gang in westliche Richtung zurück und meinte, ich solle meine Sachen packen und einmal ein paar Schritte in den Bestand gehen. Er hatte vom Weg aus die rechte Stange des Hirsches aus dem Beerkraut ragen sehen!

So standen wir beide wieder einmal vor einem Hirsch, freuten uns an der reifen Trophäe mit den langen Stangen und hatten schnell auch die Erklärung für das, was uns eben noch ziemlich rätselhaft erschienen war:

Der Langstangige – der sachkundige Revierleiter hatte ihn auf „über 12" geschätzt – und so war es.

Der Hirsch hatte eine gute Kugel, aber keinen Ausschuss. Deswegen hatten wir auch keinen Schweiß finden können.

Außerdem war der Lehm aus der morgendlichen Suhle im Laufe des Tages getrocknet. Die Kugel hatte beim Auftreffen auf den Wildkörper den „Lehmpanzer" durchschlagen, ihn dabei teilweise zerstäubt und gleichzeitig einige verklebte Haare samt Wurzeln aus der Decke gerissen, andere aber herausgestanzt. Daher also stammte die Mischung von Schnitt- und Wurzelhaar. Bei der im Schuss beobachteten Wolke hatte es sich also tatsächlich um Staub und nicht um aufgewirbelte Wassertröpfchen gehandelt.

So passte ein Steinchen des Mosaiks zum anderen, alles fand eine plausible Erklärung, und zugleich waren wir um einige Erfahrungen reicher geworden. Vor allem aber hatten wir jagdlichen Erfolg, weil wir das Verhalten eines alten und reifen Hirsches richtig eingeschätzt und uns entsprechend verhalten hatten.

Und noch eine Beobachtung ergab sich bei diesem Hirsch: Während wir beide noch im Beerkraut saßen und das Geschehen diskutierten, kamen mit dem örtlichen Beamten weitere Jäger, die den Schuss gehört hatten – alle freuten sich mit uns.

Es begann zu dämmern, ich wollte den Hirsch aufbrechen. Da trat ein jüngerer Jäger heran und bat mich, ihn das machen zu lassen. Das hatte es bis dahin noch nicht gegeben, aber ich begriff: Es ließ sich nicht mehr leugnen, ich war älter geworden, und so ließ ich ihn gewähren.

Im Rückspiegel – Rotwildhege

Im Gegensatz zum Rehwild ist bei den Hirschen die Trophäenstärke in den Jahrzehnten nach dem Zweiten Weltkrieg in vielen Rotwildgebieten Deutschlands stetig angestiegen. Die frühere Traumgrenze von 180, 190 oder gar 200 Internationalen Punkten wird heute von Hirschen der freien Wildbahn – auch ohne zusätzliche Fütterung – immer wieder überschritten. Der sorgfältig und konsequent durchgeführte Wahlabschuss hat beim Rotwild also eindrucksvolle Erfolge gebracht.

Dessen ungeachtet sollte aber nach den jüngeren offiziellen Verlautbarungen die Trophäenstärke bei der Jagdausübung generell keine Rolle mehr spielen. Die Zeiten des „Trophäenkultes" seien endgültig vorüber. Vorrangiges Ziel der Bejagung sei heute eine den landschaftlichen Bedingungen quantitativ angepasste Wilddichte mit gesunder Sozialstruktur. Um das zu erreichen, soll der Abschuss durch starke Entnahmen in der Jugend, weitestgehende Schonung der mittleren Alter und Abschöpfen der reifen Stücke erfolgen. In diesem Konzept stellt in der offiziellen Lesart die starke Trophäe ein eher nachrangiges Ergebnis, wenn nicht sogar Abfallprodukt der Hegebemühungen dar.

Aber trifft eigentlich solche Argumentation den Kern? Ich habe Zweifel. Denn tatsächlich waren ja das Bemühen um die angemessene Wilddichte ebenso wie der Eingriff in die Jugendklasse und die Schonung gut veranlagter Stücke mittleren Alters schon seit Jahrzehnten gängige Praxis. Wenn man sich aber auf den heutigen Hegeschauen – die traditionellen „Trophäenschauen" (als nicht mehr zeitgemäße Dokumentation des sogenannten Trophäenkults) wurden inzwischen oft umbenannt – einmal umsieht und darauf achtet, wo sich die meisten Hubertusjünger eifrig diskutierend versammeln, wird doch schnell sichtbar, dass tatsächlich auch heute noch die starken Trophäen von reifen Hirschen, Schauflern, Widdern oder Keilern im Mittelpunkt des Interesses stehen.

Dies ist menschlich und Fakt. Daher dürfte es z. B. auch kaum denkbar sein, dass etwa eine Landesregierung einen ranghohen Repräsentanten aus Wirtschaft, Politik oder öffentlichem Leben zur Jagd auf einen geringen Hirsch der Jugendklasse mit der Begründung einlädt, es käme bei der Jagd ja nicht auf das Alter des erlegten Stückes und die Stärke der Trophäe, sondern auf das Naturerlebnis an. Oder ein anderes Beispiel: Welcher passionierte Jäger würde denn wohl bei Wahlmöglichkeit den geringen jungen dem starken reifen Hirsch vorziehen oder lieber einen strammen weiblichen Frischling als einen dicken Keiler schießen?

Dies gilt umso mehr, als es hinsichtlich des oben genannten eigentlichen Ziels der Rotwildhege, nämlich einen den landschaftlichen Verhältnissen angepassten und sozial ausgewogenen Rotwildbestand zu erhalten, keine Meinungsverschiedenheiten geben kann. Strittig bleibt ja auch dann in vielen Fällen immer noch die Frage, wie hoch denn eigentlich im konkreten Einzelfall ein solch tragbarer Wildbestand und ein daraus abgeleiteter Abschuss sein sollte. Haben die zuständigen Gremien hierfür schließlich einen Konsens gefunden, wird das Abschusssoll bei Hirschen und Kahlwild heute in vielen Revieren oft auf unterschiedliche Weise erfüllt.

Bei den Hirschen wird der Abschuss in aller Regel weiterhin auf der Basis von Abschussrichtlinien getätigt. Maßstab ist dabei neben dem körperlichen Zustand die altersbezogene Geweihentwicklung mit den Kriterien Endenzahl, Kronen, Stangenlänge, Stangenstärke und Geweihgewicht. Abschussrichtlinien sind damit ihrem Inhalt nach Handlungsanweisungen zur weiteren qualitativen Verbesserung und gleichzeitig auch zur zahlenmäßigen Regulierung des männlichen Teils eines Rotwildbestandes.

Dabei wird grundsätzlich relativ stark in die Jugend eingegriffen, das mittlere Alter wird dagegen weitgehend geschont und damit gewährleistet, dass schließlich eine ausreichende Anzahl von Hirschen in der Population das Reifealter erreicht. Starke, alte Hirsche bestimmen dann das Brunftgeschehen und sorgen damit für den Erhalt der Population. Um dieses Ziel zu erreichen, erfolgt der Abschuss von Hirschen aller Altersgruppen daher in aller Regel nach sorgfältiger Ansprache überwiegend auf der Einzeljagd. Auf Gesellschaftsjagden werden üblicherweise allenfalls geringe Hirsche der Jugendklasse unter klaren Auflagen freigegeben.

Gelegentlich trotzdem vorkommende Fehlabschüsse sind bedauerlich, wirken sich aber auf die qualitative Zusammensetzung der Population auf der männlichen Seite insgesamt nicht spürbar aus. Im Prinzip wird also bei Entnahme männlicher Stücke nach klaren Richtlinien selektiv vorgegangen.

Beim Kahlwild erfolgt dagegen der Abschuss heute im Gegensatz zu vergangenen Jahrzehnten stärker nach dem Zufallsprinzip. So war es noch bis weit in die 1970er Jahre in weiten Landesteilen in Niedersachsen durchaus verpönt und als unweidmännisch geächtet, Rotkahlwild auf

Drückjagden freizugeben. Kahlwild wurde damals weitgehend auf der Einzeljagd nach sorgfältiger Ansprache hinsichtlich Alter und körperlicher Verfassung erlegt. Man kannte „sein“ Wild, merkte sich ein Tier, dessen Kalb man gerade geschossen, es selbst aber nicht mehr bekommen hatte, für die nächste Gelegenheit vor und blieb so lange am Ball, bis auch das Tier zur Strecke gebracht war.

Tatsächlich wurden mit dieser allerdings sehr zeitaufwendigen Jagdmethode überwiegend die schwächeren und älteren Stücke entnommen. Hinsichtlich der Abschussplanerfüllung war das Ergebnis jedoch wie beim Rehwild häufig eher unbefriedigend. Man schoss zu wenig – mit der Folge, dass die Bestände, besonders in den großen, zusammenhängenden Rotwildgebieten, über das tolerable Maß hinaus anwuchsen.

Heute wird das Abschuss-Soll des Kahlwildes jedoch nicht mehr vorrangig auf der Einzel-, sondern wohl überwiegend auf den gemeinschaftlichen Bewegungsjagden erfüllt. Dabei geht es dann allerdings meistens nicht nur um Rotkahlwild, sondern je nach Vorkommen auch um Sauen, Dam- und Rehwild, selten auch um Muffel. Derartige Jagden wurden anfänglich teilweise heftig kritisiert. Inzwischen ist es ruhiger geworden. Beigetragen hat dazu auch die zwar nicht gerade neue, aber allmählich doch weit verbreitete Erkenntnis, dass es sich auch bei den Bewegungsjagden weidgerecht jagen lässt.

Doch fällt dabei die traditionelle Revierkenntnis und Ansprache hinsichtlich Alter und körperlicher Verfassung der Stücke weitgehend unter den Tisch. Wo flüchtiges oder trollendes Wild kommt, kann die Frage nur sein, wo ist das Kalb, zu welchem Tier gehört es? Mit der Antwort muss es dann aber auch schon knallen, sonst ist die Chance vertan. Für sorgfältige Vergleiche fehlt in solchen Situationen ganz einfach die nötige Zeit. Dennoch kann man bei entsprechenden Ständen durchaus Leittiere und deren Kälber schonen. Es braucht hier nicht das erste Tier, das auf der Bildfläche erscheint, und dann womöglich noch vor dem Kalb, zu fallen.

Wie überall bei der Jagd kann es allerdings Schwierigkeiten geben, wenn die Schützen nicht hinreichend Kompetenz oder Disziplin besitzen und meinen, zu schnell, auf zu weite Entfernung oder auch auf hochflüchtiges Wild schießen zu müssen. Solche Probleme sind aber lösbar, die Jagdmethode selbst ist damit nicht anzugreifen.

Obwohl man den Aufwand von Bewegungsjagden nicht unterschätzen darf, ist diese Jagdart als eine zeitgemäße Form zur sachgerechten Erfüllung des Kahlwildabschusses zu betrachten.

Moderne Bewegungsjagden

Im Gegensatz zu nächtlicher Pirsch bei Mond und Schnee geht es bei den professionell geführten Bewegungsjagden nie mehr „nur“ um Sauen. Je nach Vorkommen kann auch Rotwild, Damwild, gelegentlich Muffelwild, meistens auch weibliches Rehwild freigegeben sein. Ja, und der Fuchs kann natürlich immer kommen.

Für mich erhalten solche regelmäßig und sehr großräumig angelegten Jagden ihren besonderen Reiz auch dadurch, dass man in Gesellschaft jagt, Freunde trifft, miteinander reden kann.

Gut geleitete Bewegungs- oder Anrührjagden zeichnen sich dadurch aus, dass

- das Wild groß- und weiträumig durch verschiedene Treibergruppen mit geeigneten Hunden nicht zu schnell in Bewegung gebracht wird,
- die Schützen weit verteilt an den Hauptwechseln auf Ansitzböcken postiert sind und die Chance haben (sollten), das ziehende Wild in Baum- oder lichten Stangenhölzern anzusprechen, und
- die Sicherheit bei der Jagd ganz substantiell dadurch erhöht wird, dass die Abgabe der Schüsse von erhöhten Sitzen aus erfolgt und damit eigentlich immer ein wirksamer Kugelfang gegeben ist.

Selbstverständlich sind solche Jagden keine Selbstläufer. Sie erfordern einen erheblichen, oft unterschätzten Aufwand bei Planung, Vorbereitung und Durchführung. Am Erfolg sind daher viele Menschen beteiligt. Neben der Jagdleitung im weitesten Sinn sind hier die Gruppen- und Hundeführer und nicht zuletzt auch die Schützen selbst zu nennen. Als Antwort auf die modernen Waldbaukonzepte haben heute Bewegungsjagden die traditionellen Treib- und Drückjagden weitestgehend ersetzt.

Gesellschaftsjagden auf Schalenwild wurden ja noch lange nach dem Zweiten Weltkrieg überwiegend als Treib- oder Drückjagden durchgeführt. Dabei wurde eine einzelne Dickung, in der man Wild vermutete oder bei Schnee hineingefährtet hatte, in regelmäßigem Abstand umstellt. Die Schützen standen oder saßen auf ihren Sitzstöcken zu ebener Erde unmittelbar am Dickungsrand und hatten als Schussfeld oft nur die hinter ihnen liegende Wegbreite. Seltener fanden sich Stände etwas von den Einständen entfernt im angrenzenden Baum- oder Stangenholz. Sobald das Treiben umstellt war, versuchte eine Treiberwehr mit Unterstützung von Hunden das Wild vor die Schützen zu treiben.

Bei guter Organisation und nicht zu großen Dickungen konnte man auf diese Weise an einem Jagdtag durchaus drei bis vier Treiben absolvieren.

Das hatte u. a. den Vorteil, dass man auf seinem Stand nur selten stundenlang zu frieren hatte, sondern sich beim Wechsel von Treiben A nach Treiben B zwischendurch auch wieder einmal bewegen und somit aufwärmen konnte. Außerdem hatte man immer wieder Gelegenheit, sich auch auf den Wegen und Sammelplätzen mit den Nachbarn und übrigen Jagdteilnehmern zu unterhalten. Schließlich gab es in der Mittagspause regelmäßig eine wärmende Erbsen- oder sonstige Suppe, bevor zu den Nachmittagstreiben aufgebrochen wurde.

Diese Jagdart funktionierte in den großen Waldgebieten so lange ganz akzeptabel, wie Sauen und Rotwild zuverlässig in den von der Fläche her begrenzten Dickungen zu finden und die Waldarbeiter- und sonstigen Treiberlöhne bezahlbar waren.

Mit dem Übergang der Forstwirtschaft zu mehr stammweiser Nutzung, Aufbau von Misch- und ungleichaltrigen Beständen mit bevorzugt natürlicher Verjüngung auf großen Flächen entwickelte sich seit dem letzten Viertel des vergangenen Jahrhunderts jedoch das gesamte Waldareal zu Wildeinständen. In jedem Verjüngungshorst, in jedem Adlerfarn- oder Brombeerbusch kann heute die Rotte Sauen oder das Rot- bzw. Damwild stecken. Rehwild steht ohnehin überall. Das machte die Suche nach neuen Formen der Gesellschaftsjagd unumgänglich. Man fand sie schrittweise in den heute überwiegend praktizierten großräumigen Bewegungsjagden.

Noch immer bei Bewegungsjagden zu sehen – solche Stände sind nicht ideal.

Die Schützen werden bei diesem System im Idealfall weit voneinander entfernt auf der gesamten Fläche an Hauptwechseln mit guter Sicht für Ansprache und Schuss verteilt. Optimal ist es, wenn an solchen Stellen die bewährten offenen Ansitzböcke stehen. Einfache Stände auf dem Erdboden sind bei dieser Jagdart in aller Regel ebenso ungeeignet wie die Benutzung der für den Ansitz gebauten Hochsitze.

Das Wild soll möglichst langsam und nicht gehetzt vor die Schützen kommen. Es wird deshalb durch kleine Treibergruppen in Bewegung gebracht. Sie starten zeitgleich von verschiedenen

Weiträumig aktive Treibergruppen bringen das Wild in Bewegung.

Punkten aus und haben oft nur einen bestimmten Teil des Gesamtjagdgebietes zu beunruhigen.

Als nahezu ideale Hundeunterstützung haben sich hierbei Wachtel, aber auch Jagdterrier und verschiedene kleinere Bracken erwiesen. Drahthaar, Kurzhaar und andere schnelle, kräftige Hunde sind für diese Art Jagd dagegen ungeeignet, werden aber trotzdem immer wieder auch bei solchen Jagden von der Leine gelassen.

Bei einer effektiven Jagdzeit von zweieinhalb bis drei, selten auch einmal vier Stunden können solche Jagden vom Aufsuchen der Stände bis zum Streckelegen durchaus vier bis fünf Stunden in Anspruch nehmen.

Es bleibt also bei einem „Treiben“ pro Tag. Gegenüber den traditionellen Treib- und Vorstehjagden entfallen damit die angenehmen Unterhaltungen mit den übrigen Schützen beim Wechsel von Treiben A nach Treiben B. Doch hat man meistens hinreichend Gelegenheit, dies zwischen Jagdende und Streckelegen nachzuholen.

Dennoch sitzt man bei den Bewegungsjagden eine lange Zeit mit sich und seinen Gedanken allein in einem – je nach Jahreszeit und Witterung – dunklen oder wunderschön herbst- oder winterlich gefärbten Wald. Bewegt wird ja nur das Wild, man selbst hat vor allem ruhig zu sitzen, dafür aber unermüdlich aufzupassen. Und zweieinhalb bis drei Stunden können bei entsprechender Witterung auch sehr lang werden, so lang, dass man gelegentlich wohl schon einmal darauf hofft, es möge kein Wild, auf das man noch schießen *müsse*, mehr kommen. Man wünscht sich nur wieder warme Füße und Hände und dass die Uhr endlich das Jagdende anzeigt. Trotzdem liebe ich diese moderne Form der Gesellschaftsjagden und sehe viele Vorteile gegenüber dem alten System. Doch gehen wir der Reihe nach vor.

Die Stunde der Erinnerungen

Ich bekenne es offen: Mich erfasst bei Einladungen zu den erfahrungsgemäß gut geleiteten Bewegungsjagden immer noch frohe Erwartung. Da ist alles Routine, und zugleich ist nichts abgegriffen, alles ist bekannt und doch immer wieder voll neuer Spannungen. Bedauerlich ist nur, wenn man aus irgendwelchen zwingenden Gründen absagen muss. Groß ist dagegen die Freude, wenn man dabei sein kann, wenn man bei der Begrüßung Freunde und Bekannte trifft und schließlich seinen Stand eingenommen hat.

Sitzt man dann auf seinem Bock, tauchen ganz unwillkürlich Erinnerungen an frühere Jagden auf. Hat man bei ihnen etwas erlebt oder erlegt, hofft man auf Wiederholung. Gab es keinen Jagderfolg, dachte man positiv: diesmal wird es klappen! Manchmal denkt man auch an gar nichts, sondern freut sich ganz einfach, dabei zu sein.

In solchen Augenblicken mag man in der Rückschau auf frühere Jagden zu träumen beginnen: „Ach ja, auf einem ähnlichen Stand saß ich einige Jahre zuvor in einem Fichtenbaumholz hinter einigen niedrigen Anflugfichten noch auf der Erde. Dort kamen mir ganz ruhig drei nicht freigegebene Hirsche." Kann es etwas Spannenderes geben, als Hirsche auf kurze Entfernung zu beobachten, wenn sie die Gefahr in der hinter ihnen liegenden Dickung vermuten, verhoffen, äugen, lauschen, dabei unschlüssig und ratlos hin- und hertreten? Man „spürt" sozusagen ihre Fragen: „Ist es ratsam, sich zurückzuziehen, oder vielleicht doch besser, das Weite zu suchen?"

Die Hirsche entschieden sich damals schließlich für ein Weiterziehen. So etwas zu betrachten, ist doch an sich schon ein Geschenk der Natur und ein Erlebnis, das man nie vergessen kann.

Ach, und von jenem Stand konnte ich im vergangenen Jahr beobachten, wie der ziemlich weit entfernte, aber in dem lichten Buchenbestand doch noch ganz gut sichtbare linke Nachbar ein Kalb schoss. Dann war mir eine Bache mit nur einem Frischling gekommen. Er lag im Knall. Danach trat zunächst Ruhe auf unserer Seite ein. Ich hörte weder Hunde noch Treiber – so ließ die Aufmerksamkeit doch etwas nach. Genau in dem Augenblick erschien ein weiterer einzelner Frischling präzise auf dem Wechsel, den vorher die Bache mit dem ersten genommen hatte. Der zweite hatte wohl vorhin in der Dickung den Anschluss verloren. Mit Mühe war ich gerade noch rechtzeitig fertig geworden, kam aber eindeutig zu weit hinten ab. Einen zweiten Schuss wurde ich nicht mehr los. Der Frischling entschwand allmählich meinen Blicken und kam erst am nächsten Morgen auf der Nachsuche zur Strecke.

Dann taucht die Erinnerung an einen wahrhaft goldenen Herbstjagdtag auf. Mein Ansitzbock stand in einem Buchen-Lärchen-Bestand. Golden strahlten die noch nicht abgeworfenen gelben Lärchennadeln in der warmen Herbstsonne. Ich konnte ganz gut sehen, aber eng war es doch. Von ferne konnte ich Hunde hören, als fast schemenhaft, wie die Perlen an der Kette, die Sauen kamen – dicke Bache an der Spitze und vier oder fünf Frischlinge im Gänsemarsch dahinter. Ich hatte einen guten Kugelfang, die Entfernung passte, aber fortwährend waren Stämme im Zielfernrohr. So entschwand die Rotte, ohne dass ich hatte schießen können.

Doch waren die Sauen noch nicht ganz außer Sichtweite, als vollkommen unvermutet eine richtig fette Herbstschnepfe schräg von vorn zwischen den Stämmen auf mich zustrich und wunderbar breit auf optimale Schussentfernung an mir vorbeiflog. Herrlich war der Blick auf diesen dunklen, braunen Vogel, den ab und an die Sonnenstrahlen vor den gelben Nadeln der Lärchen aufleuchten ließen! Hätte ich doch eine Bockbüchsflinte und dann auch noch das Zielfernrohr abmontiert und Schrot geladen! Mit der nötigen Portion Glück hätte es heute eine ganz ausgefallene Doublette werden können, ja … hätte … hätte … hätte.

Merkwürdigerweise verblassen gegenüber solchen Tagen und Erinnerungen jene Jagden, bei denen man mittags oder auch erst abends völlig klamm und durchnässt und mit nur karger oder sogar ohne Beute heimkehrte. Man hat sie schnell vergessen und erinnert sich dann schon wieder an Schnee und Strecken von 10, 12, in Einzelfällen 48 und 50, im Ausnahmefall mehr als 100 Stück Schalenwild. Ja, das sind Jagden, die das Herz höher schlagen lassen.

Zu den erwähnten Drückjagdzeiten saß ich einmal auf meinem Dreibein auf der Erde zwischen zwei dichten Buchendickungen. Ich hörte Wild nahen, erhob mich vom Sitz und stand im Halbanschlag, während ich mir sicher war, dass das Stück minutenlang, durch das braune Herbstlaub der Buchen vollkommen verdeckt, innerhalb der Dickung dicht am Rand verhoffte und sicherte, bis mir selbst die Arme lahm wurden. Schließlich glaubte ich, mich getäuscht zu haben. Doch plötzlich war der Frischling in voller Fahrt auf der Schneise und hatte das rettende Ufer der gegenüberliegenden Dickung längst erreicht, als der Schuss fiel.

Die Treiber kamen, ordneten sich auf der Bahn neu und setzten ihren Weg fort. Dann kam der alarmierende Ruf „Achtung, Sau zurück!!“ Es riss mich wieder vom Dreibein auf die Läufe. Ich hörte die Sau kommen, schon war sie mit voller Fahrt auf der Bahn – wieder ein Frischling. Doch der machte im Schuss eine leichte Wendung nach rechts. Der Schuss war nicht mehr zu korrigieren. Ich wusste, dass ich vorbeischoss, und konnte doch die Kugel nicht halten – so entkam auch der zweite Frischling kerngesund und munter. Das liegt nun Jahre zurück. Heute würde die Sache vom Bock im angrenzenden Altholz wohl anders ausgehen!

Aber es sind eben immer wieder die außergewöhnlichen Sauen, die besonders lebhaft in Erinnerung bleiben. So saß ich auf einer späteren Jagd schon auf einem neuen Ansitzbock in einem Fichtenaltholz. Es herrschte typisches Novemberwetter, nicht kalt, kein Schnee, kaum Wind. Weit verstreut waren bereits Schüsse gefallen, als Hundelaut näher kam. Es stammte zweifelsfrei von kräftigeren Hunden, man kennt sie unter dem Namen „Heideterrier". Der Laut hielt auf mich zu, kam näher. Ich stand auf und schätzte das Schussfeld zum wiederholten Mal ein: Etwa 20 Meter vor mir begann auf der dem Hundelaut zugewandten Seite dichte Fichtennaturverjüngung. Da war also nicht viel zu machen. Auf relativ kurze Entfernung sollte aber nach beiden Seiten zwischen den Stämmen hinreichend Platz sein, doch bei größerer Distanz konnte es auch hier schwierig werden. Fichtenbestände sind manchmal ja auch im höheren Alter noch recht eng. Der Hundelaut war inzwischen noch näher gekommen, worum handelte es sich? Rotwild, Sauen? Sicherlich nicht Rehwild, nicht auf so weite Entfernung. Ich fasste das Gewehr fester und sah im nächsten Augenblick eine kohlrabenschwarze Sau aus der Fichtennaturverjüngung vor mir geradezu geflogen kommen. Dann folgten auch schon die Hunde, dicht hinter der Sau, aber für einen Schuss nicht zu nah. Schon war das Gewehr im Anschlag. Die Sau kam mit ihren langen Fluchten in voller Fahrt auf 20–25 Schritt rechts von mir breit. Im Schuss hatte ich den Eindruck, dass sie ihre Vorderläufe geradezu in den Waldboden grätschte und damit die schnelle Fahrt stoppte. Fichtennadeln wirbelten hoch, die Hinterhand des Stückes stieg senkrecht in den Himmel. Es wirkte den Bruchteil einer Sekunde so, als machte die Sau einen Handstand. Danach schlug sie der Länge nach gestreckt entgegen der Fluchtrichtung auf den Rücken und rührte sich nicht mehr. Nie vorher und nie hinterher habe ich ein solches Bild gesehen.

Regelmäßig legte ich meine Labradorhündin Lotte, später auch Tessa, bei solchen Jagden am Stand so ab, dass ich sie ständig bequem im Auge behalten konnte. Man sieht an der Bewegung des Hundekopfes, der Stellung der Gehöre, der gesamten Haltung immer ganz genau, ob Wild im Anziehen ist und welche Richtung es nimmt. Man erkennt aber auch, wenn Wild unsichtbar irgendwo in undurchsichtiger Deckung verhofft. So verwies mir Tessa rechtzeitig den Fuchs, der, lange bevor man die beiden Treiber hören konnte, aus der Buchennaturverjüngung kam.

Dank Tessa schoss ich auch den reifen Keiler! Ich saß auf einem Bock an der Westseite einer von Nord nach Süd verlaufenden Abteilungslinie. Hinter mir befand sich ein noch nicht durchforstetes Kiefernstangenholz mit viel unterständiger Fichte, auf der gegenüberliegenden Seite grenzte ein Douglasienbestand mit tief beasteten Randbäumen an den Weg. Es waren bereits an verschiedenen Stellen Schüsse gefallen. Linker Hand hatte eine Bache mit vier Frischlingen außerhalb der Schussweite die Linie überfallen. Plötzlich sah ich an meinem Hund, dass hinter mir Wild anwechseln musste – ich drehte mich um und versuchte, das nahezu undurchdringliche Dickicht mit den Augen zu erschließen. Zunächst war vor Stämmen, Ästen, Zweigen und grünen Nadeln nichts zu sehen. Aber dann war ein Wildkörper mehr zu ahnen als zu erkennen. Eine Stange mit Krone auf der mir zugewandten rechten Seite bewegte sich langsam in nördliche Richtung. Die linke Seite war nicht zu identifizieren. Der Hirsch zog in der dichten Dickung so leise nur wenige Meter hinter mir vorbei, dass ich mich immer noch wundere, wie das möglich war.

Er war längst entschwunden, als der Hund erneut aufwarf und wieder in dieselbe Richtung sicherte. Diesmal sah ich Borsten, ganz nah, nicht mehr als zehn bis 15 Schritt entfernt. Es mussten mindestens zwei Sauen sein, aber viel mehr war nicht zu erkennen, vielleicht noch, dass es keine Frischlinge, sondern stärkere Sauen waren. Sie zogen in südliche Richtung, mussten, wenn sie überhaupt über die Linie kamen und nicht in der Dickung blieben, zur rechten Hand erscheinen. Ich stand auf, beobachtete die Blickrichtung des Hundes und ging gleichzeitig in Voranschlag. Sie kamen tatsächlich, zwei Sauen – breit und hintereinander im mäßigen Troll. Die Entfernung war nicht zu weit. Im Zielfernrohr sprach ich die erste als vermeintlich noch zu jungen Keiler an. Waffen waren nicht zu sehen. Also fasste ich das zweite Stück ins Auge, es war erkennbar schwächer, und schon war die Kugel unterwegs. Ich sah kein Zeichnen, aber im nächsten Augenblick schlugen die tief herabhängenden Äste der Douglasien auf der anderen Seite des Weges hinter der Sau zusammen. Hm.

Es dauerte ein Weilchen, bis der Jagdleiter auf den Schuss hin erschien und sich nun berichten ließ. Dann verschwand er samt seinen Hunden am Anschuss in der Dickung und kam nach einiger Zeit, immer wieder seine Kopfbedeckung anlüpfend, auf mich zu, um mir herzlich zu einem ordentlichen Keiler zu gratulieren. Ich mochte es nicht glauben: Konnte es denn denkbar sein, dass zwei starke Keiler wie Feisthirsche gemeinsam ziehen und unmittelbar hintereinander das Gestell überfallen? Aber es war so. Der Keiler wog aufgebrochen 104 kg, sein Alter wurde in ortsüblicher Weise auf *„fünf Jahre und älter“* eingestuft. Trotzdem war ich sicher, der erste Keiler war vom Wildbret her deutlich stärker, die Figur, der Pinsel – alles war auch auf die Schnelle klar als Keiler zu erkennen, aber Waffen hatte ich bei keiner der beiden Sauen blitzen sehen. Keine Frage, der erlegte Keiler war alt und reif. Es war mein erster richtiger Keiler auf einer Gesellschaftsjagd, aber es war doch ein Zufallsergebnis. Dennoch war und ist die Freude groß. Wirklich dicke Keiler sind doch sehr selten.

Aktivitäten nach Ende des Treibens

Zu Zeiten der Drückjagden wurde das Ende der Treiben wie das der Jagd durch die traditionellen Signale „Hahn in Ruh!“ und „Jagd vorbei!“ mit dem Horn verkündet. Bei den heutigen Bewegungsjagden ist das auch wegen der begrenzten Hörweite des Hornsignals nicht mehr üblich und möglich. Stattdessen wird das Ende der Jagd durch die bei Verkündung der Regularien festgesetzte Uhrzeit bestimmt.

Während früher das erlegte Wild grundsätzlich nach dem Treiben an Ort und Stelle aufgebrochen wurde, wird das bei den heutigen Bewegungsjagden nur noch ausnahmsweise so praktiziert. Stattdessen wird das erlegte Wild nach Beendigung der Jagd meistens zu einem zentralen Streckenplatz transportiert. Bei der Weiträumigkeit dieser Jagden und der oft beachtlichen Strecke kann das bei aller Professionalität und zeitgemäßer Ausrüstung geraume Zeit in Anspruch nehmen.

Diese Zeit nutzen die inzwischen nach und nach am Streckenplatz eintreffenden Schützen am offenen Feuer zu ausführlichen Gesprächen über die gerade hinter ihnen liegenden Erlebnisse und Erfahrungen. Natürlich sind sie dankbar, wenn sie sich dabei gleichzeitig an wärmenden Getränken und Speisen gütlich tun und die manchmal doch recht steif gewordenen Glieder wieder auftauen können. Dem angelieferten Wild werden unterdessen die fälligen Proben entnommen.

Das eigentliche Aufbrechen des Wildes erfolgt schließlich nicht mehr wie früher im Revier verteilt, bei den auf der Erde liegenden Stücken in der Nähe der Schützenstände, sondern zentral durch Profis: Die Stücke hängen mit dem Haupt nach unten an besonderen Vorrichtungen. Charakteristisch ist es bei dieser Methode, dass das jeweilige Stück vom Schritt bis fast zum Äser aufgeschärft, aber die Beckennaht nicht durchtrennt und die Keulen nicht wie beim traditionellen Aufbrechen geöffnet werden, sondern geschlossen bleiben. Dazu wird das Wild mit einem Spezialmesser um das Weidloch geringelt und der Enddarm danach durch das Becken in den Bauchraum gezogen. Im Anschluss daran wird das gesamte

Nach dem Ende der Jagd wird das Wild geborgen.

Gescheide einschließlich Geräusch in einem Zuge von oben nach unten aus dem Stück herausgezogen.

Tatsächlich bleibt das Stück bei diesem Verfahren geradezu überraschend sauber und ist selbst bei weniger guten Schüssen appetitlich anzusehen. Trotzdem wird der Bauch- und Brustraum anschließend mit reichlich frischem Wasser sauber ausgespült. Das Ergebnis ist hygienisch perfekt behandeltes Wildbret!

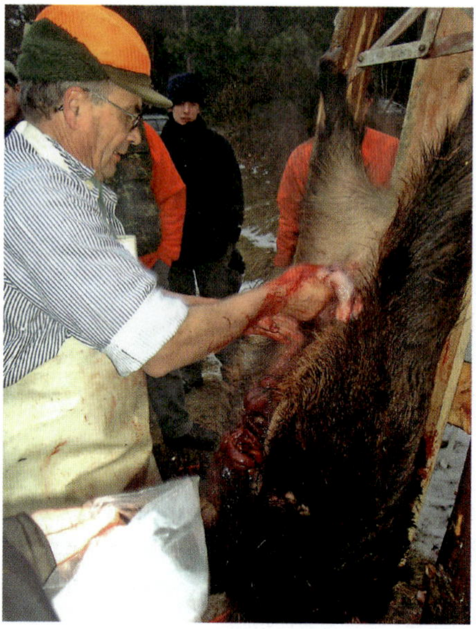

Aufbrechen der mit dem Haupt nach unten hängenden Stücke durch Profis auf dem vorbereiteten Platz.

Sind schließlich alle Vorarbeiten erledigt und die Stücke auf dem vorbereiteten Fichtengrün in der richtigen Reihenfolge und auf die richtige Seite gelegt, werden die Feuer oder Fackeln entzündet. Dann verkündet der Jagdleiter das Ergebnis der Jagd und überreicht den Schützen die Erlegerbrüche. In das anschließende traditionelle Verblasen der Strecke mit abschließendem „Jagd vorbei" und „Halali" mischt sich mit dem Rauch des Feuers das Geheul der Hunde. Es ist eine nachhaltig eindrucksvolle Musik zum Ausklang eines erlebnisreichen, schönen Jagdtages. Fröhlich fährt man hinterher nach Hause, aber nur noch ausnahmsweise noch einmal in die traditionelle Kneipe.

Schließlich wird hygienisch optimal versorgtes Wildbret zur Strecke gelegt und nach traditionellem Brauch weidgerecht und mit Fackeln oder Feuer erleuchtet verblasen.

Ausblick

Fazit dieses nun schon mehr als ein halbes Jahrhundert währenden Jägerlebens bleibt einerseits die Feststellung: *„Gar lustig war die Jägerei."*

Es war ein vielfältiges und an schönen Erlebnissen reiches Jägerleben. Wälder, Felder, Menschen, Hunde und Wild haben es geprägt. Ich blicke dankbar und zufrieden zurück. Der persönliche Eindruck, aus dem Vollen gejagt zu haben, wird durch einen Blick in die Jagdstatistiken bestätigt. Aber ich schaue zugleich besorgt in die Zukunft und frage mich, wird es so bleiben? Werden unsere Kinder und deren Kinder so jagen können, wie es uns gegönnt war?

Während wir fröhlich und unbeschwert jagten, sind „die Wildbestände" trotzdem weiter angestiegen! Die Welt des Jägers scheint damit auf den ersten Blick in guter Ordnung, die Nachhaltigkeit der Jagdmöglichkeiten gesichert. Doch leider täuscht dieser Eindruck. Denn tatsächlich haben sich die einzelnen Wildarten unterschiedlich entwickelt.

So haben die vier Hauptschalenwildarten Rot-, Dam-, Reh- und Schwarzwild z. T. erheblich zugenommen, die Muffelwildvorkommen sind dagegen auf niedrigem Niveau praktisch gleich geblieben und in jüngster Zeit durch die zuwandernden Wölfe verbreitet sogar in ihrer Existenz bedroht oder ausgerottet worden.

Im Gegensatz zu dieser Entwicklung sind die Bestände beim Niederwild, besonders die von Hasen, Kaninchen, Fasanen, Rebhühnern und Wildenten, vielerorts rückläufig, während sie bei Füchsen, Dachsen, Tauben und Gänsen örtlich z. T. sehr deutlich angestiegen sind.

Mit Waschbär, Marderhund (Enok), Nutria und zuletzt auch Wolf und Goldschakal sind bis dahin hier nicht vertretene Arten neu hinzugekommen. Sie sind gewiss nicht nur in jagdlicher Hinsicht kein Gewinn für unsere Wildbahnen.

In gewisser Weise bestätigen diese Fakten die persönliche Beobachtung. Wo wir als Primaner durch die emsländischen Moore und Heiden streiften, um dem Trillern des Großen Brachvogels oder dem klagenden Ruf des Goldregenpfeifers zu lauschen, Sonnentau beim Insektenfang zu beobachten oder die balzenden Birkhähne zu verhören, befinden sich heute Maisfelder, Forste, Straßen, Gebäude, Industrieanlagen, sogar ein Atommeiler. Großer Brachvogel und Goldregenpfeifer sind ebenso weitgehend oder gar ganz verschwunden wie Sonnentau und Birkhahn. Wo wir Bekassinen jagten, bis die Schultern schmerzten, befindet sich heute drainiertes Land – kein Lebensraum mehr für Bekassinen.

Diese wenigen Beispiele mögen aus ganz persönlicher Erfahrung als Beleg dafür genügen, wie sehr unsere unmittelbare, scheinbar so heile Umwelt von den Veränderungen der Lebensräume und dem Artenschwund betroffen ist. Im Laufe eines einzigen Jägerlebens ist auch unsere Welt, die Welt, in der *wir* aktuell und ganz konkret leben, unübersehbar ärmer geworden. Aber das ist sehr leise und Schritt für Schritt geschehen. Was wir in unserer Jugend liebten, gibt es schon vor Ende unseres Lebens nicht mehr. Wir können den Anblick und den Gesang von Birkhahn und Co. nicht mehr an unsere Kinder und Enkel weitergeben.

Das Emsland ist hier nur exemplarisch als Objekt eigener Anschauung angesprochen. Tatsächlich ist das dortige Geschehen kein Einzelfall. Es ist vielmehr Teil der gesamteuropäischen, ja der globalen Entwicklung der vergangenen Jahrzehnte. Und was hier in einem überschaubaren Raum an einigen wenigen Arten beispielhaft zu beobachten war, hat im selben Zeitraum landes- und weltweit in unendlich viel größerem Maßstab stattgefunden. Als Folge hat die Artenvielfalt global in den verflossenen 40 Jahren nach Expertenschätzungen um 40 % abgenommen. Heute weiß man, wir leben weltweit in einer Zeit des Artensterbens und des Klimawandels.

Was wir als Jäger in Deutschland beobachten, ist nur die Spitze des Eisbergs. Aber wir Jäger sind von dieser Entwicklung besonders betroffen, und zwar nicht allein deshalb, weil einige jagdbare Tierarten aus unseren Biotopen verschwunden sind, sondern aus unserer Gesamtverantwortung für Fauna und Flora heraus.

Bei den anhaltend rückläufigen Niederwildbesätzen haben vor allem Hase, Fasan und Rebhuhn unter den Veränderungen ihrer Lebensräume durch die moderne Landwirtschaft zu leiden. Ob ihnen außerdem der Klimawandel zusätzliche Probleme bereitet, ist schwer zu ergründen. Leider mehren sich aber bereits bei einigen Vogelarten (wie etwa Kraniche, die z. T. den Winter über in Zentraleuropa bleiben und nicht mehr nach Andalusien ziehen) Anzeichen für die Vermutung, dass das der Fall sein könnte. Ähnlich sind Beobachtungen aus Schweden zu werten. Dort gilt der Drosselrohrsänger als Hauptwirt des Kuckucks. Dank des zeitiger eintretenden Frühjahrs hat er aber zu brüten begonnen, bevor der etwas später aus dem Winterquartier zurückkehrende Kuckuck sein Ei im Nest des hauptsächlichen Gastgebers platzieren will. Anhand dieses Beispiels der beiden Vogelarten ist zu erkennen, dass auch bei uns zahlreiche andere, in den Jagdstatistiken nicht erfasste, nicht jagdbare Tier- und Pflanzenarten vom Klimawandel betroffen sind.

In dieser Lage nützt es auf Dauer natürlich gar nichts, freiwillig die Jagd auf Hasen, Fasanen oder Rebhühner einzuschränken oder gar einzustellen.

Es ist auch nicht wirklich hilfreich, diese Tiere auf eine Rote Liste der vom Aussterben bedrohten Arten zu setzen, während man gleichzeitig tatenlos zuschaut, wie ihnen die Lebensgrundlagen immer mehr entzogen werden. Auch die an sich sinnvolle Anlage von Hegebüschen, Äsungsstreifen u. a. m. mag hier und dort helfen, die Biodiversität der lokalen Situation insgesamt etwas zu verbessern, doch reicht das als grundlegende Problemlösung nicht. Es muss mehr geschehen, als einzelne Jäger und Reviere zu leisten vermögen. Das Land, die europäischen Länder, der gesamte Globus ist gefordert!

Die Jäger sind deswegen in ihrer Gesamtheit aufgrund ihres Wissens um die Zusammenhänge der ökologischen Prozesse in unserer Umwelt in besonderer Weise gefordert, gemeinsam mit anderen Umweltschutzverbänden den negativen Trend in unseren Ökosystemen zu stoppen. Allerdings kann man die Problemlösung nicht in der Rückkehr zu einer Land- oder Forstwirtschaft suchen, die im 21. Jahrhundert mit Pferd und einreihigem Pflug arbeitet, die Zuckerrüben von Hand erntet oder Bäume mit der Axt fällt. Land- und Forstwirtschaft brauchen auch weiterhin technischen Fortschritt und die laufende Anpassung an die Anforderungen der globalen Märkte. Trotzdem muss künftig jede Form der Bodennutzung die bewirtschafteten Flächen wieder wirksam und nachhaltig als Teil eines gesunden Ökosystems in seiner ganzen Vielfalt betrachten und bewahren bzw. wiederherstellen.

Moderne Forstwirtschaft kann dazu mit ihren Konzepten naturnaher Waldaufbauformen, ungleichaltriger Mischwaldstrukturen und zukunftsfähiger Baumartenwahl bei fortgesetzt funktionaler Aufgabenerfüllung zielführende Anregungen geben.

Bei allem Tun und Unterlassen müssen sich Jäger aber zugleich auch bewusst sein, dass Jagd als Teil unseres gesellschaftlichen Lebens zu unserer Kultur gehört. Jagdkultur hatte immer auch mit der Bewahrung der Schöpfung im Ganzen und der Achtung vor dem einzelnen Geschöpf, unabhängig davon, ob es als jagdbar oder auch als nicht jagdbar eingestuft war, zu tun. Wo dieser geistige Ansatz auch weiterhin beherzigt und erfolgreich praktiziert wird, werden auch unsere Kinder und Enkel ihr Leben lang weiterhin jagen können.

Konsequenzen

Wenn ich mich nun am Ende dieses langen Jägerlebens aber frage, welche allgemeineren Konsequenzen aus diesen Beobachtungen, Erfahrungen und Erlebnissen eigentlich zu ziehen wären, öffnet sich zunächst wieder ein sehr weites Feld. Das sogenannte Niederwild, vor allem also Hasen,

Kaninchen, Fasanen, Rebhühner, auch Enten und Gänse, bevorzugt nun einmal meist offene Biotope als Lebensraum. Demgegenüber hält sich das Schalenwild eher in den großen, geschlossenen Wäldern auf. Das gilt vor allem für das traditionelle Hochwild. Gejagt und beobachtet habe ich aber die im Buch vorkommenden jagdbaren Tiere und ihre Populationsentwicklung in vielen Biotopen.

Der aktuelle Klimawandel beeinflusst alle Biotope gleich, dürfte sich aber unterschiedlich auf das jagdbare Wild und das Ökosystem insgesamt auswirken. Das *„Artensterben"* als neuerer Begriffe in der Umweltdiskussionen hat nicht nur mit dem Klimawandel zu tun, sondern ist sicherlich auch vom Eingriff des Menschen in das jeweilige Ökosystem abhängig.

Die Ursachen- und die Zusammenhang-Forschung bleibt extrem schwierig. Bei Betrachtung der Wildtierstrecken der vergangenen 50–80 Jahre mit Blick auf die Gestaltung der Landschaften durch den wirtschaftenden Menschen stellt man in den Lebensräumen des Wildes sehr unterschiedliche Entwicklungen fest. Während in den Wäldern die früher verbreiteten Monokulturen vielfach zugunsten einer Mischwaldbestockung zurückgedrängt worden sind, haben die hier bevorzugt lebenden Schalenwildarten Rotwild, Sauen, Muffel-, Reh- und Damwild bundesweit kaum ab-, sondern oft eher zugenommen und ihre Lebensräume ausgeweitet. Außerdem sind vor allem in den Wäldern einige „neue" Arten wie Marderhund, in vielen Gegenden auch Wolf und Luchs dazugekommen.

Im Gegensatz dazu sind die Ackerflächen trotz gewisser Arealverluste für Baugebiete, Straßen und dergleichen mehr durch Flurbereinigung und andere Maßnahmen optisch und hinsichtlich der Bewirtschaftung viel einheitlicher und oft auch flächenmäßig scheinbar deutlich größer geworden. Das hat natürlich Auswirkungen auf die hier hauptsächlich lebende Tier- und Pflanzenwelt. Wo bis nach dem Zweiten Weltkrieg auf relativ kleinen Einzelstücken ein buntes Gemisch von Feldfrüchten nebeneinander wuchs, finden sich heute eher großflächig ziemlich einheitlich mit wenigen Fruchtarten bebaute Landschaften. Als Folge solcher Strukturen sind vor allem die Niederwildbestände durch eine rückläufige Entwicklung gekennzeichnet. Von den hier ursprünglich vorkommenden Kleinsäugern, Vögeln, Insekten und Pflanzenarten gibt es ja leider keine allgemeine und vergleichbare Statistik, sondern nur Hinweise, dass es vor allem für das Jungwild (besonders natürlich für Rebhuhn- und Fasanenküken) keine oder nicht hinreichend eiweißreiche Nahrung zu finden gibt.

Insgesamt gilt daher die Erkenntnis, wonach Wälder trotz ihrer vollflächigen Bewirtschaftung eher als artenreiche Biotope bezeichnet werden können, während viele landwirtschaftlich genutzte Flächen oft nach mehr industriellen Maßstäben behandelt werden und dementsprechend als

Masttragende, lockere Eichenbestände

artenarm zu bezeichnen sind; zusätzlich bewirken Düngung und Pflanzenschutzmittel lediglich optimales Wachstum für Nutzpflanzen und verändern den ursprünglichen Boden. Im Wald wird dagegen – abgesehen von gelegentlicher Waldschutzkalkung gegen den von menschlicher Produktion stammenden sogenannten Sauren Regen – generell nicht gedüngt. Die Pflanzengesellschaften entsprechen hier also im Wesentlichen dem natürlichen Vorkommen.

Schließlich erfolgt die Bewirtschaftung der Acker- und Wiesenflächen außerdem meist vollflächig mit oft zunehmend größeren und stärkeren Maschinen. Das kann dazu führen, dass Gelege und vor allem Jungwild ebenso wie die auf den Wiesen und Weiden vorkommenden Bodenbrüter buchstäblich „plattgemacht" oder auf andere Art getötet bzw. zerstückelt werden. Denn der erfreulicherweise zunehmende Einsatz von Flugrobotern zur Rettung von Jungwild oder auch von Gelegen kann lediglich in Einzelfällen helfen, kann aber das grundsätzliche Problem einer maschinellen und hauptsächlich ertragsorientierten Bewirtschaftung der Flächen nicht lösen.

Freilich geschieht das alles nicht aus freier Entscheidung der einzelnen Hofbesitzer, sondern vielfach unter dem wirtschaftlichen Zwang, immer mehr Menschen ernähren zu müssen und selbst wirtschaftlich zu überleben. Immerhin ist auch in dieser Situation nicht zu verkennen, dass es der Landwirtschaft weltweit zwar bis heute gelingt, die Ernährung von 8 Mrd.

Menschen auf der Erde zu gewährleisten, obwohl die reine Zahl bäuerlicher Betriebe sinkt. Als Folge nimmt aber die durchschnittlich je Betrieb bewirtschaftete Fläche zu.

Nun wird von der Gesellschaft mit Blick auf die Sozialfunktionen der Wälder zeitgleich darauf gedrängt, immer mehr Waldflächen aus jeder Form einer Bewirtschaftung zu nehmen und die Flächen sich selbst zu überlassen. Auf der anderen Seite wird ebenfalls aus der Gesellschaft heraus verlangt, Wälder als Trinkwasserreservoirs zu bewirtschaften. Der passionierte Jäger sieht, wie widersprüchlich hier argumentiert wird. Doch sieht er natürlich auch, dass in der Natur tatsächlich alles miteinander zusammenhängt. Man erkennt aber schon aus diesen kurzen und überhaupt nicht erschöpfend dargestellten Fakten, wie kompliziert die Zusammenhänge zwischen Artenschutz und Wildvorkommen tatsächlich sind.

Ein kurzer Blick in die Tageszeitung zeigt dem Beobachter die allgemeine Problematik der hier beobachteten Entwicklung. Auf der einen Seite liest man noch ziemlich neutrale Überschriften wie „Zahl der Wölfe nimmt zu" (Quelle: HAZ = Hildesheimer Allgemeine Zeitung, 29. November 2022) oder „Diskussion um Wölfe flammt auf: Politiker für verstärkte Jagd" (Quelle: HAZ, 28. September 2022). Auf der anderen Seite heißt es dann: „Wo ist der Feldsperling hin?" (Quelle: HAZ, 2. April 2022) oder „Gibt es bald keine Braunkehlchen mehr?" (Quelle: HAZ, 28. September 2022).

Die Zunahme der Einwanderer wie Nutria, Marderhund und Goldschakal, auf die unsere heimischen Arten von Natur aus nicht eingestellt sind, kommt außerdem noch hinzu. Als Beobachter des Geschehens konstatieren wir: Auf der einen Seite kommen bisher hier nicht (mehr) vertretene Arten ins Land und lösen gesellschaftliche Konflikte zwischen Befürwortern und Gegnern aus, während auf der anderen Seite bisher hier heimische und verbreitet vorkommende Arten durch Klimawandel und menschliche Bewirtschaftung der Flächen sowie durch neue Prädatoren in ihrem Bestand gefährdet werden und schließlich verschwinden.

Doch bleibt uns etwas zu tun oder muss man die Entwicklung einfach hinnehmen? Gegenwärtig finden mit Klimawandel und Artensterben Veränderungen statt, die eindeutig auf menschliche Aktivitäten zurückzuführen sind und die nicht in langen Zeiträumen, sondern verhältnismäßig schnell ablaufen. Ihre tiefere Ursache liegt gewiss in der zahlenmäßigen Zunahme des Menschen auf unserem Planeten und der damit verbundenen Umweltverschmutzung, die erst mit der industriellen Massenproduktion entstand.

Ein erfahrener Jäger versteht durch jahrelange Beobachtung der Natur und der in ihr ablaufenden Prozesse die Funktionsweise natürlicher Prozesse. Er ist deshalb in der Lage, sich in die Verhaltensweise von Tieren hineinzuversetzen und wird deshalb schließlich oft auch vorhersehen, wie Tiere auf diese oder jene Veränderung ihres Lebensraumes oder der Umwelt reagieren werden. Er wird dann auch entsprechende Vorschläge entwickeln und handeln können. Er sieht, dass in der Natur buchstäblich alles miteinander verbunden ist und zusammenhängt, und versteht daher, welche Folgen es hat, wenn z. B. große Moore entwässert oder gar trockengelegt bzw. Flüsse begradigt werden, Wüsten wachsen oder ganze Landstriche durch steigende Wasserstände unbewohnbar werden. Der erfahrene Jäger kann daher abschätzen, welche Folgen menschliche Eingriffe in das Ökosystem haben werden.

Tatsächlich ist ja die aktuelle Lage der Menschheit angesichts klimabedingter Probleme (z. B. das Auftauen der borealen Permafrostböden oder das Abschmelzen der Polkappen) unbestreitbar schon heute dramatisch gefährdet. Wir sind als Menschen von unserer Umwelt, d. h. von unserem Lebensraum, persönlich abhängig. Und es gibt nur eine Erde. Insofern berühren uns gerade als Jäger der aktuelle menschengemachte Klimawandel und das Artensterben zutiefst. Wir sehen und wissen, die aktuellen Zusammenhänge und Probleme berühren nicht nur über die Wildvorkommen unsere jagdlichen Möglichkeiten, sondern betreffen uns und unseren ganz persönlichen Lebensraum ebenso.

Insofern stellt sich hier die Frage, ob z. B. der sog. Niedersächsische Weg als geeignete Möglichkeit zur Behebung der negativen Folgen menschlicher Eingriffe in das Ökosystem zu bewerten sein könnte. Laut Portal Niedersachsen ist der Niedersächsische Weg eine in dieser Form bundesweit einmalige Vereinbarung zwischen Landwirtschaft, Naturschutz und Politik. Das Papier verpflichtet die Akteure, konkrete Maßnahmen für einen verbesserten Natur-, Arten- und Gewässerschutz, für Biodiversität und beim Umgang mit der Ressource Landschaft umzusetzen (mehr dazu unter www.niedersachsen.de/niedersaechsischer-weg-fragen).

Bei aller Euphorie darf man jedoch nicht übersehen, dass die Grundprobleme, nämlich der menschengemachte Klimawandel und der Artenrückgang, mit den projektierten Maßnahmen nicht angegriffen werden und dass das gesamte Unternehmen von landwirtschaftlichen, forstwirtschaftlichen und sonstigen Betrieben und Unternehmen auf freiwilliger Mitwirkung beruhen soll. So dürften u. a. auch die begrenzten Förderungsmöglichkeiten durch das Land den Ausgang bestimmen.

Außerdem fehlen bisher bedeutsame, wichtige Akteure bei der Vereinbarung. Zu nennen sind hier u. a. – und nur als Beispiele – Wissenschaftler und Forscher wie z. B. Zukunftsforscher, Klimatologen, dann die Industrieverbände, besonders auch mit Blick auf die von ihren Mitgliedern verursachten Umweltprobleme, weiterhin die Landesjägerschaft Niedersachsen (LJN) als Vertretung der Jäger und der Deutsche Forstwirtschaftsrat als Vertreter des Waldes aller Besitzarten. Alle von dem konkreten Problem direkt betroffenen Gruppen und Gruppierungen unserer Gesellschaft sollten an der Erarbeitung einer vernünftigen Lösung beteiligt werden. Sie wären gemeinsam aufgrund ihrer speziellen Kenntnisse und Erfahrungen in der Lage, wichtige, sachdienliche Beiträge zum Thema Arten- und Umweltschutz sowie zu industriellen Möglichkeiten zu liefern. So könnten verantwortbare Lösungen für den weiteren Weg unserer Erde mit all ihren Lebewesen und den Erhalt von unser aller Lebensraum gefunden und ein zukunftsfähiger Weg zur Bewältigung der aktuellen Klimakrise und der damit verbundenen gesellschaftlichen Probleme der Menschheit beschritten werden.

So wie bisher geplant und publiziert, ist allerdings selbst für den Fall eines gewissen Erfolgs dieser Aktion zu befürchten, dass am Ende punktuell einzelnen Arten geholfen wird, ohne dass damit das allgemeine Problem des menschengemachten Klimawandels und des Artensterbens sowie die weiter gehenden Folgen auch nur ansatzweise gelöst werden könnten. Trotzdem wäre es im Falle des Gelingens sicherlich ein verheißungsvoller Anfang, auf dem man – eines fernen Tages bei entsprechendem Erfolg der Aktion auch über die Grenzen der Bundesrepublik Deutschland hinausgehend – aufbauen könnte.

Insofern kann man dem Niedersächsischen Weg nur eine gute Zukunft wünschen! Wenn gemeinsam ein erfolgreicher Weg eingeschlagen wird, könnten auch unsere Kinder und Enkel jagen, wie es uns noch gegönnt war!